지구 온난화와 삼림 비즈니스

제3판

지구 온난화와 삼림 비즈니스

「건강한 지구」를 지향하며

小林 紀之 저

이동근 · 정태용 · 오영출 공역

普 文 堂

신개정판 간행에 즈음하여

본서의 초판을 세상에 내 놓은지 8개월 정도 지났다. 지구 온난화 방지를 위해 노력했던 지난 8개월 동안에 크게 변한 것이 있는가 하면 전혀 변하지 않은 것도 있다. 크게 변한 것은 2003년 12월에 개최된 COP9(기후변화협약 제9차 당사국 총회)에서 CDM(Clean Develop-ment Mechanism, 청정개발체계) 조림 프로젝트 운영규칙의 세부항목이 정해지고, CDM 조림을 본격적으로 실시하기로 한 점이다. 변하지 않은 것은 러시아의 비준 여부가 여전히 불투명하여 교토의정서 발효를 예측할 수 없다는 점이다.

한편 일본내 변화를 살펴보면 2004년 봄부터 환경세(온난화 대책세)와 배출권 거래를 둘러싼 논의가 활발해지면서 도입 찬성파, 반대파의 대립이 강경해졌다. 그 배경에는 일본의 온실효과가스 배출량이 계속 증가하고 있어 교토의정서의 저감 목표인 6% 달성이 어렵고 지구 온난화 대책 추진계획의 재검토 작업이 시작되면서 제2단계(2005~2007년)에 즈음하여 세금과 규제책 검토가 구체화되었다는 점을 들 수 있다.

삼림 흡수원으로 눈을 돌리면 임야청은 2004년 4월 중순의 중앙환경심의회 지구환경부회에서 현 상태로는 삼림 흡수원에 의한 3.9% 목표 달성은 어려우며 3.1% 정도밖에 달성하지 못할 것이라고 발표했다. 이러한 예측에 입각하여 임야청은 다양한 삼림 흡수원 대책을 밝히고 있으나 여기에는 민간역할이 대책에 하나도 포함되지 않았다. 삼림 경영과 목재 이용 분야에서 민간의 활동을 유용하게 활용하지 않고 삼림 흡수원 대책을 추진하는 것은 곤란하다. 이 점에 대한 산·관·학에 의한 활발한 논의가 필요하다.

필자는 2003년 12월의 COP9에 참가하면서 국제 교섭 현장을 접할 수 있었다. 일본 내에서는 2004년 1월부터 3월에 걸쳐서 이와테, 시즈오카, 사가, 나가노, 시즈오카, 후쿠이, 효고, 교토에서 지구 온난화를 둘러싼 다양한 심포지엄과 연구회에 강사 등으로 참가하여 많은 사람들과 이야기를 나눌 수 있는 기회를 가질 수 있었다. 필자에게 이 3개월은 바로 Think Globally Act Locally를 생각하면서 활동하는 귀중한 시간이었다.

이런 경험을 통한 결론은 지구 온난화 문제의 구체적 추진은 세계적 규모가 될수록 실행으로 옮기기가 어려우며, 국가적 규모에서도 이행이 어렵다는 것이다. 따라서 지역 규모로 추진하는 편이 보다 유연하게 대처할 수 있으며, 보다 빨리 실행할 수 있다. 즉, 지구 온난화 대책은 우리들 한 사람 한 사람의 사고 방식과 행동이 중요하며 그것이 지역을 움직이고 나아가 국가를 그리고 세계를 움직이는 것이 아닐까 생각한다.

특히 강하게 인상에 남는 것은 2004년 2월 29일에 효고현 가미마치에서 개최된 '목질 바이오매스 에너지 도입 추진 심포지엄'이다. 근처에서 섬 인플루엔자가 발생한 직후임에도 불구하고 마을내의 많은 사람들이 참석하였으며, 패널로서 기후현 가미이시츠정, 나가노현 이나시, 효고현 이치노미야정 담당자도 참가하여 활발하게 의견 교환이 이루어졌다. 가미정이나 가미이시츠정, 이나시, 이치노미야정은 바이오매스 에너지와 삼림 경영 활성화에 열심인 자치 단체로서 이들 관계자가 한곳에 모여 현재의 대처 실정과 과제에 대해서 이야기하는 것은 Act Locally의 중요성을 배운 기회이기도 하였다.

본서의 신개정판에서는 최근 8개월간 일본에서의 지구 온난화 방지를 둘러싼 움직임과 필자의 실제 체험에 근거하여 독자에게 관심이 높다고 생각되는 다음 사항을 새로 추가했다.

먼저 첫 번째로 COP9에서의 CDM 조림 운영 규칙에 관한 결정 사항과 그 해설, 두 번째로 새로운 운영 규제에 근거하여 CDM 조림을 어떻게 추진하면 좋을지에 대한 그 과제와 해결책에 대한 제언, 세 번째로 일본 내 삼림 흡수원 대책으로서의 삼림 흡수원 거래에 관한 새로운 제안이다. 또한 글 중의 다양한 데이터와 사례 소개도 최근의 것으로 갱신하기 위해 노력했다.

본서에서 언급하는 필자의 생각과 제언이 지구 온난화 방지와 삼림 비즈니스를 둘러싼 새로운 논의의 계기가 되어 온난화 방지와 삼림 경영의 활성화, 목재 이용의 확대로 이어지기를 기대한다.

이번에도 임야청 계획과 해외 임업 협력실의 실장 외에 관계자 여러분께 전문가의 입장에서 귀중한 조언을 받았다. 지면을 통해 다시 한번 감사드린다.

마지막으로 사적인 이야기로 대단히 송구하지만 2004년 4월부터 일본대학 대학원 법무 연구과(법과 대학원) 교수에 취임하여 법조계를 희망하는 학생에게 환경 문제 전반과 환경과 법에 관한 강의를 담당하게 되었다. 지금까지 성원해주신 분께 감사드리며, 앞으로도 많은 지도와 협력을 부탁드리면서 신개정판 간행의 서문으로 하고자 한다.

2004년 6월 小林 紀之

역자서문

지구환경문제의 중요성은 1992년 브라질 리우에서 개최된 유엔환경개발회의 이후 많은 사람들이 지각하게 되어 이를 해결하기 위해 다양한 노력이 시도되고 있다. 그러나 지구환경문제가 갖는 본질적인 문제로 인하여 그 해결책이 쉽게 제시되고 있지 못하는 실정이다.

특히 지구 온난화는 지구환경문제 중 가장 시급하게 해결되어야 할 과제이면서 가장 어려운 과제이다. 지구 온난화는 자연생태계에 큰 영향을 미치게 되며, 물 순환 메카니즘의 변화로 인한 홍수 또는 가뭄 빈발 초래, 동·식물종의 변화와 식생환경 변화로 인한 산림황폐 및 사막화 가속, 그리고 말라리아 등과 같은 전염병의 증가 등이 우려된다. 우리나라도 2100년에 한반도의 기온이 현재보다 2℃ 정도 상승하게 되어 강수량의 심한 변화(-25%~+30%)가 예상되며 이로 인한 극심한 가뭄과 홍수가 빈발할 것으로 예측하고 있다. 또한, 온대수종과 아한대수종은 온도상승에 따라 급속히 감소하여 사과 등의 온대과일은 생육이 불가능하게 되고, 해수면 상승으로 남·서해안 간척지 및 저지대 등의 침수가 예상된다고 한다.

이러한 지구 온난화 등을 예방하기 위해 기후변화협약이 1994년에 발효되었으며, 1997년에는 교토의정서를 합의하여 2005년 2월 16일에 교토의정서가 발효되었다. 우리나라는 현재 부속서 I 국가에 해당하지는 않지만 세계 9위의 이상화탄소 배출국으로서 전 세계 배출량의 1.8%를 차지하고 있어 국제적으로 온실효과가스 저감압력을 받고 있는 실정이다. 특히, 2003년 이후 제2약속기간에는 어떠한 형태로든 강력한 저감방안의 수립이 필요한 실정이다.

지구 온난화 대책 중 우리가 관심을 가져야 할 분야가 산림이 갖고 있는 흡수원이다. 본서는 일본에서 최근 진행되고 있는 지구 온난화 대책 중 삼림 비즈니스에 대한 것으로 지구 온난화의 일반적인 이론에서부터 구체적인 사례까지 소개하고 있다. 특히 원저자는 일본에서 삼림 흡수원과 관련된 최고의 전문가로서 국제적으로 다양한 활동을 하고 있으며 이를 바탕으로 한 국제적인 동향에 대해 매우 유익한 내용을 소개하고 있다. 원저는 2003년 10월에 초판이 출간된 후 2005년 8월까지 3판이 출간될 정도로 매우 유익한 전문서적으로 평가받고 있다.

따라서 이 번역서가 국내에는 아직 생소한 지구 온난화에 삼림 비즈니스가 갖는 의의와 가능성을 인식하여 보다 적극적으로 활용되기를 기대한다.

또한 흔쾌히 한국어판의 번역을 허락하여 주시고, 번역에 있어 많은 도움을 주신 원저자인 고바야시 노리유키 교수님께 진심으로 감사드린다.

급한 번역작업으로 인해 내용을 국내의 실정에 맞추는 작업이 이루어지지 못해 안타까운 마음이며, 바쁜 일정임에도 번역에 고생하신 동료번역진에게 감사드린다. 마지막으로 본서를 교정해준 서울대학교 대학원 생태조경학과의 김은영, 윤은주 양에게도 감사하며 이 책이 출간되도록 도와주신 보문당의 김병계 사장님과 김태우 실장님에게도 지면을 통하여 감사의 마음을 표한다.

2006년 2월

역자대표 이동근

서울대학교 교수

머리말
-본서가 지향하는 바

지구 온난화 방지는 인류100년 대계이다. 그 중 하나가 기후변화 협약이며 교토의정서는 그 첫걸음이다.

온난화 방지에 어떻게 대처할 것인가는 우리들에게 근대 문명의 존재 방식을 묻는 것이며, 국제 사회가 지구환경문제에 어떻게 대응할 지에 대한 시금석이기도 하다.

본서의 타이틀인 '지구 온난화와 삼림 비즈니스'를 접하고, 그 비즈니스라는 단어에 거부 반응을 나타내는 독자가 있을 지도 모른다. 이 단어를 사용한 것은 다음과 같은 이유에서이다.

지구 온난화 방지의 국제적 대응 방법을 규정한 교토의정서에는 어려운 과제가 포함되어 있다. 그것은 의정서에 포함된 시장 메커니즘의 도입과 삼림 흡수원(sink)의 활용이다. 이 어려운 과제를 해결하기 위해서는 환경 보전과 경제 활동이 양립되어야 한다. 즉 환경과 비즈니스의 양면에서 온난화 문제를 고려하는 것이 필요하다. 본서의 목적은 이 과제를 독자와 함께 생각하고 새로운 환경 보전 전략 구축에 도움이 되도록 하는 것이다.

교토의정서에서는 교토메커니즘이라고 하는 새로운 국제 제도가 인정되었다. 그것은 배출권 거래(ET), 공동실시(JI), 청정개발체계(CDM)의 세 가지 제도로 이루어져 있다. 이들 제도는 이산화탄소 등의 온실효과가스(GHGs)에 화폐 가치를 부여하여 거래하고, 시장 메커니즘을 통하여 온난화를 방지하는 것이다. 여기에 새로운 세계적 차원의 비즈니스가 탄생될 가능성이 있다.

또한 교토의정서는 삼림이 이산화탄소를 흡수하여 온난화를 방지하는 역할을 평가하고, 각 국가가 온실효과가스 저감 목표를 달성할 때 삼림에 의한 이산화탄소 흡수량을 포함시키는 것을 인정했다. 이 삼림 흡수원(sink)을 의정서의 운영 규칙상 어떻게 취급할 지에 많은 문제가 있었으나, 일부를 제외하고 해결책이 보였다. 삼림의 이산화탄소 흡수 능력을 인정하는 것은 삼림의 새로운 가치를 경제적으로 평가하고 창조하는 것으로도 이어지므로, 여기에도 새로운 비즈니스 기회가 발생할 여지가 있다.

필자는 몇 군데 대학에서 온난화 문제에 대해서 강의할 기회가 있었다. 지금까지 언급한 내용은 학생에게도 관심이 높은 테마로 다양한 의문과 질문이 던져졌다. 대표적인 예를 몇 가지 들어보자. '온실효과가스 저감 틀을 거래하거나 삼림 흡수에 의존하는 것은 본래의 온실효과가스 저감을 위한 노력을 소멸시키는 것은 아닌가', '일본은 배출량 중 삼림에서 3.9% 흡수한다고 하는데 확실한 가. 정확히 파악할 수 없는 요소가 있으리라고 생각하는데, 과대 또는 과소 평가하는 것은 온난화 대책을 그르치는 것이 아닐까', '일반적으로 온실효과가스를 저감하라는 방침으로 세계를 움직이는 것에는 무리가 있다. 다른 나라를 움직일 수 있는 방법에는 이익 부여밖에 없으며, 각 나라에 온실효과가스 저감에 의한 손해와 이득을 확실하게 제시해야 한다' 등의 의견이 나왔다[주]. 이러한 의견과 의문을 지닌 독자도 적지 않을 것이다.

여기에서 잊어서는 안 되는 점은 교토메커니즘은 교토의정서에도 명기되어 있듯이 어디까지나 지구 온난화 대책의 보완적 조치로서 위치가 부여되어 있다는 점이다. 국가와 기업이 스스로 온실 가스 배출 저감을 위해

노력하고, 목표 달성을 위해 부족한 부분을 요구하는 피난처와 같은 제도가 교토메커니즘이다.

또한 삼림 흡수원에는 배출한 이산화탄소를 흡수하는 역할이 부여되어 있다는 점에도 유의해야 한다. 처음부터 흡수지가 있다는 생각에 이산화탄소를 흘려 보내는 어리석은 행동은 오히려 삼림의 가치를 손상시킬 뿐이다.

일본의 2000년의 온실효과가스 배출량은 1990년에 비하여 8%나 증가했다. 교토의정서에서 정한 6%의 저감 의무를 달성하기 위해서는 1990년에 비하여 14%의 저감이 필요하며 달성 여부도 불투명하다. 즉, 산업계와 민생 부문에서 더욱 온실효과가스 배출 저감을 위한 노력을 기울여도 '피난처' 나 '흡수지' 에 의지하지 않을 수 없는 것이 일본의 현실이기도 하다. 따라서 앞에서 언급한 환경과 비즈니스의 양립이 일본에서는 더욱 중요한 과제가 되고 있다.

여기에서 중요한 것은 정부와 기업이 환경과 비즈니스의 양립을 지향할 때, 국익과 기업이익만 생각할 것이 아니라 널리 지구의 이익을 생각하여 행동해야 한다는 점이다. 이는 국가와 기업 등의 존재 방식에도 깊이 관계된 문제로, 예를 들어 그 국가의 국제 사회에서의 공헌도와 성숙도, 또는 기업의 사회적 책임(CSR)이 의문시되고 있다.

본서는 이상과 같은 문제 의식하에 독자가 안고 있는 여러 가지 의문에 대해서 알기 쉽게 대답하기 위하여 Q&A 방식으로 집필하였으며 어느 부분을 읽어도 안내서로 활용할 수 있도록 구성되어 있다. 임야청의 전문가를 비롯하여 많은 전문가들로부터 유익한 조언을 받는 동시에 최신의 국제 동향과 구체적인 사례, 과학적 데이터를 가능한 많이 소개하도록 노력했다.

본서가 지구 온난화 방지와 삼림의 건전한 육성에 공헌할 수 있기를 바란다.

2003년 8월

(주) 주로 에히메(愛 媛) 대학 대학원 농학 연구과의 필자 강의 수강생 리포트를 주로 참고로 하였다.

목차

목차

2 활용편

3 전망편

목차

1 기초편

지구 온난화 방지를 위한 활동이 활발하게 이루어지고 있다. 2005년 2월 16일에 교토의정서가 발효되어 교토메커니즘이나 삼림 흡수원(sink : 싱크)의 활용이 드디어 실용단계에 들어갔다.

일본정부는 2002년에 책정한 「지구 온난화 대책 추진계획」 을 재검토하여 새로이 「교토의정서 목표달성계획」을 2005년 4월 28일에 각의에서 결정하였다. 이 계획에서는 환경세 도입이 과제로 대두된 것 외에 일본 내 삼림에서 「기준 연간 총배출량 비율 3.9%(4,767만 톤-CO_2 정도의 흡수량을 확보한다)」 고 하는 것이 명기되어 있다.

한편, EU구역 내에서는 2005년 1월부터 배출권 거래제도가 실시되었고, 일본에서도 자주 참가형의 국내 배출권 거래제도가 2005년부터 시작되었다. 앞으로는 삼림에 흡수, 저장한 이산화탄소(CO_2)의 취급에 관련되는 다양한 뉴비즈니스의 잠재력이 발굴되어갈 것으로 보인다.

단, 이와 같은 「삼림 비즈니스」를 단순한 이익추구의 수단으로만 하지 말아야 한다. 「지구(地球)이익」의 실현을 위한 환경과 경제의 양립 또는 통합의 추구가 절실히 요구되고 있다. 따라서 본 장에서는 지구 온난화 대책을 추진하는 데 있어서 갖추어야 할 기본적인 지식에 관하여 해설하고자 한다.

1-1 지구 온난화는 과연 진행되고 있는가?

1997, 1998년에 발생한 엘니뇨(주1)로 인한 이상기후는 인도네시아에서 이상건조를 일으켜 산불피해가 발생하였고, 남미의 페루 등지에서는 호우로 인한 피해를 초래하였다. 이는 지구규모의 기온상승이 기후변화을 가져온 결과라고 지적되고 있다.

지구 온난화는 이산화탄소(CO_2) 등의 온실효과가스(GHG)의 대기 중 농도가 상승함으로써 일어난다. 일부 과학자들은 지구 온난화의 메커니즘에는 불확실성이 있다고 이론을 제창하고 있지만 전세계의 많은 학자들은 지구 온난화가 진행되고 있다는 사실을 인정하고 있다.

지구 온난화에 관하여 과학적인 논의를 하는 공식적인 장소가 「기후변화에 관한 정부간 패널」(IPCC)이다. 2001년 초에 발표된 「IPCC 제3차 평가보고서」는 21세기 말까지 대기 중의 이산화탄소(CO_2) 농도가 540ppm~970ppm(주2)으로 상승하여 지구 전체의 평균 표면기온은 1.4℃~5.8℃ 상승한다고 예측하였다. 1861년 이래 약 150년 동안의 기온상승이 0.6±0.2℃였던 것과 비교하면 대폭의 상승이 예측되고 있다고 할 수 있다. 또한 이 평가보고서는 21세기 말에 평균 해면수위가 9cm~88cm 상승한다고 예측하기도 하였다.

지구 온난화의 메커니즘

지구 온난화란, 「온실효과가스(greenhouse gas : GHG)」의 대기 중 온도가 높아짐으로써 지표의 평균기온이 상승하는 현상을 말한다.
온실효과가스란 태양으로부터 입사하는 비교적 파장이 짧은 광선은 투과하지만, 지표에서 방사되는 파장이 긴 적외선은 흡수하는 성질을 가진 기체의 총칭이다. 태양으로부터 입사하는 광선의 약 절반이 대기나 구름에 반사되고 나머지는 대기층을 투과하여 지표면을 데운다. 한편, 지표에서 방사되는 적외선은 일단 온실효과가스에 흡수된다. 이 때문에 지표로부터의 에너지의 일부는 즉시 방출하지 않고 대기 중에 머물러 기온을 끌어 올린다. 이것이 「온실효과(greenhouse effect)」라고 불리는 메커니즘이며 온실의 외벽에 해당하는 것이 온실효과가스이다.

현재 온실효과가스 가운데에서 문제시되고 있는 것은 인간의 활동에 기인하여 대기 중 농도가 상승하고 있는 이산화탄소(CO_2), 메탄(CH_4), 일산화이질소(N_2O), 각종 프론(Hydro fluorocarbon : 불화탄소)류 등이다. 한편, 지표에서 방사되는 적외선을 가장 많이 흡수하는 온실효과가스는 수증기이지만 대기 중의 농도가 일정하게 유지되고 있기 때문에 지구 온난화에 관련해서는 문제시되지 않고 있다.

[표1-1-1] 지구의 기상기온 변화

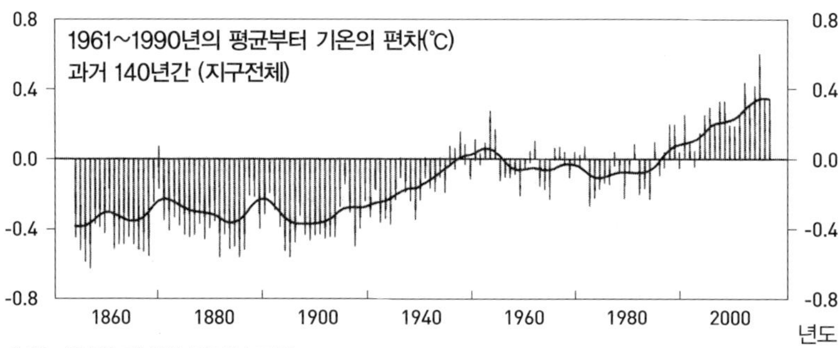

출처 : IPCC 제 3차 평가보고서

IPCC는 기후변화의 장래예측에 관하여 다양한 연구를 하고 있으며, 2100년의 GHG의 CO_2 환산농도를 540ppm, 기온상승을 1990년 대비 2℃ 이내로 억제할 필요가 있다는 견해가 세계의 연구자들 사이에 강력히 제기되고 있다. 앞서 말한 바와 같이 IPCC 제3차 평가보고서의 기후변화 장래예측을 검토한 대표적인 시나리오에서는 2100년의 CO_2 농도는 540ppm~970ppm으로 상승한다고 하였다. 따라서 540ppm이라고 하는 목표치는 IPCC의 예측 시나리오로서 세계가 가장 강력한 대책을 실시한 경우에 달성 가능한 CO_2 농도이다.

또한 IPCC의 제3차 평가보고서에서는 기후변화의 구체적인 예로 북반구의 중·고 위도 지역에서 폭우의 발현빈도가 증가할 가능성이 높다는 것과 아시아, 아프리카의 일부에서 한발의 발현빈도와 강도가 최근 수 십년 사이에 증가한 것 등을 들 수 있다. 그리고 지구 온난화로 인하여 더욱 극단적인 건조나 폭우가 증가하였고, 수많은 지역에서 엘니뇨 현상으로 인해 발생하는 가뭄이나 홍수 등의 위험성이 높다고도 지적하였다. 이와 같은 기후변화는 일본에도 크게 영향을 미칠 것으로 생각된다.

일본은 무덥고, 호우의 국가가 된다고 예측

도쿄대학 기후시스템 연구센터(CCSR), (독일)국립환경연구소(NIES), (독일)해양연구 개발기구의 합동연구팀은 2004년 9월에 지구 시뮬레이터를 사용하여 지구 온난화 예측결과를 발표하였다(주). 그에 따르면 일본의 여름(6월, 7월, 8월)의 일평균기온은 2071년~2100년을 평균하여 3.0℃~4.2℃ 상승하는 것으로 분석되었다. 또한 여름 강우량이 평균적으로 증가하는 것 뿐만 아니라 대기 중의 수증기 증가로 인하여 1회의 강우량도 평균적으로 증가하는 것으로 예측되었다.

2004년에는 사상 최다인 10회의 태풍이 일본을 강타하였고, 거듭되는 호우재해가 발생하였다. 이는 온난화로 인한 기후변동의 전조일 것으로 우려된다.

(주) http://www.env.go.jp/earth/earthsimulator/index.html에서 공개하고 있다.

이와 같은 위기감으로 인하여 국제적인 협력을 통하여 지구 온난화 대책을 추진하려는 움직임이 강하게 일고 있다. 그 대표적인 결과가 「기후변화협약」(1-2 참조)과 「교토의정서」(1-3 참조)이다.

(주1) 엘니뇨 … 열대 태평양의 중부에서 동부, 페루 해안에 걸친 해면수온이 수 년에 1℃씩 대규모로 상승하는 현상을 이르는 말이다. 페루의 어부들이 매년 크리스마스 무렵에 해면 수온이 높아지는 현상을 스페인어로 엘니뇨(신의 아들=예수 그리스도)라고 부른 것이 어원이 되었다. 엘니뇨에 대한 관측을 진행해나감에 따라 매년 일어나는 소규모이고 국지적인 것만이 아니라 태평양 전역에 걸쳐 반년 이상 계속되는 대규모 기후변화 현상으로서 인식되게 되었다.

(주2) ppm … parts per million의 약어이며 100만분의 1을 나타내는 단위이다.

1-2 기후변화협약이란?

지구 온난화 문제에 대한 국제적인 활동은 1988년부터 본격화되었다(표1-2-1). 그 계기가 된 것은 미국에서의 이상기후와 NASA(미국항공우주국) Goddard 우주연구소의 한센 박사가 미국 상원에서 제시한 1980년대의 온도상승에 관한 증언이다.

[표1-2-1] 지구 온난화 방지를 위한 주요 활동

연도	주된 국제적 활동
1985	오스트리아 피라하 (Firaha)에서 첫 온난화 방지 과학자회의 (10월)
1987	이탈리아 벨라지오 (Bellagio)에서 첫 행정 레벨 온난화 방지 회의 (11월)
1988	미국의 이상기후, 미국상원 한센 박사 증언 (6월), IPCC 설치 (11월)
1990	IPCC 제1차 평가보고서 (8월)
1992	기후변화협약 채택 (5월, '94 발효), UN 환경개발회의 (지구 서밋, 6월)
1895	IPCC 제2차 평가보고서 (12월)
1997	COP3, 교토의정서 채택 (12월)
1998	일본, 지구 온난화 대책 추진계획 책정 (6월)
1999	일본, 지구 온난화 대책 추진법 시행 (4월)
2000	IPCC 흡수원 특별보고서 (5월)
2001	미국, 교토의정서 이탈 표명 (3월), IPCC 제3차 평가보고서 (7월) COP7 (교토의정서 운용규칙의 법문서 채택 (마라케쉬(Marrakesh) 합의), (10월, 11월)
2002	일본, 지구 온난화 대책 추진계획 개정 (3월), 교토의정서 비준 (6월) UN 환경개발회의 (리우 플러스 10, 8·9월)
2003	COP9, (흡수원CDM (CDM조림 프로젝트) 운용규칙, 굿 프랙티스 가이던스 등 줄거리 결정, 12월)
2004	COP10 (COP9에서 계속검토로 된 제반 규칙을 결정, 12월)
2005	교토의정서 발효 (2월) 일본, 교토의정서 목표달성계획 책정 (4월)
2003~12	교토의정서 제1 약속기간

1988년 11월에는 기후변화에 관한 과학적, 기술적인 검토의 추진을 목적으로 기후변화에 관한 정부간 패널(IPCC)이 설립되었다. IPCC는 UN 환경계획(UNEP)과 세계기상기관(WMO)이 공동으로 전세계에서 1,000명 이상의 과학자들이 모여 기후변화현상에 대한 해명이나 장래에 대한 예측을 실시하여 1990년에 「제1차 평가보고서」, 1995년에 「제2차 평가보고서」, 2001년에 「제3차 평가보고서」를 작성하였다. 또한 2000년에는 「삼림 등의 흡수원에 관한 특별보고서」도 발표하였다.

이와 같이 기후변화에 관한 과학적인 해명은 이루어 왔지만, 지구 온난화를 방지하기 위해서는 조약 등의 국제적인 규약이 없이는 실효를 올릴 수 없다. 그래서 탄생한 것이 「기후변화에 관한 UN 협약조약 (기후변화협약조약)」이며, 1992년 6월 및 UN 환경개발회의(리오 데 자네이루 에서 개최, 통칭 「지구 서밋」)에서 155개국이 서명하여 1994년 3월에 발효하였다(표1-2-2 참조). 이 조약에는 미국, 러시아, 중국, 인도를 대표하여 세계의 대부분 국가들이 참가하였으며, 2005년 4월 29일 현재의 비준국가의 수는 UN 가맹국 191개국 가운데 189개국·지역(유럽공동체(EU) 포함)으로 전세계의 모든 국가가 참가하였다 해도 과언이 아니다.

[표1-2-2] 기후변화협약조약의 주요 내용

	조항	내용
제2조	**목적**	대기 중의 온실효과가스 농도의 안정화
제3조	**원칙의 1항**	형평의 원칙, 공유하고 있으나 차이가 있는 책임 및 각국의 능력에 따라 (중략), 선진 조약국은 솔선하여 기후변화 및 악영향에 대처하여야 한다.
제4조	**약속의 2(a) 항**	선진 조약국 (부속서 I 의 체약국)은 이산화탄소 기타 온실효과가스의 인위적인 배출을 1990년대 말까지 종전의 수준으로 되돌린다.
제7조	**조약국 회의**	조약의 최고기관으로서 조약국회의를 설치한다.
제17조	**의정서**	조약국회의는 의정서를 채택할 수 있다.

[그림1-2-1] 기후변화협약에 대한 공식협의 개요

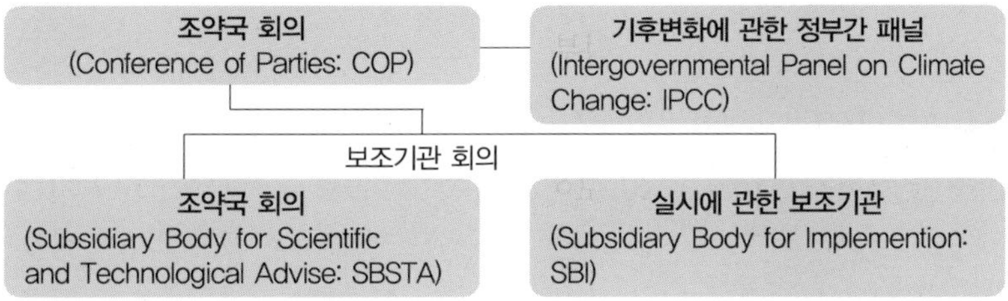

주) SBSTA (서브스타)는 기후변화협약 제9조에 기초하여 설치되어 있으며, IPCC 등과 COP와의 교량역할을 담당한다. SBI는 기후변화협약 제10조에 기초하여 설치되어 있으며, COP (요청이 있으면 그 밖의 기관)에 대하여 정책이나 실시문제에 관한 권고를 한다.

기후변화협약은 선진국 등(부속서 I 국)[주]에 대하여 온실효과가스(이산화탄소 등)의 배출량을 2000년까지 1990년 수준으로 낮추는 것을 목적으로 하고있다. 그러나 1995년 시점에서 이 목적의 달성이 어렵다는 것이 판명되었다. 각국이 구체적인 저감목표와 대책을 제시하여 거의 강제적으로 대처하지 않고는 온난화를 방지할 수 없다는 것이 분명해졌기 때문이다. 따라서 그림1-2-1과 같은 정부간의 공식협의가 계속되고 우여곡절 끝에 만들어진 것이 「교토의정서」(1-3 참조)이다.

(주1) 부속서 Ⅰ국 : 기후변화협약조약의 부속서 Ⅰ에 해당되는 조약국(선진공업국)으로서 러시아, 동유럽 등의 시장경제 이행국가를 포함한다. 동 조약의 제4조 2항 (a) 및 (b)에 따라 2000년까지 온실효과가스 배출량을 1990년 수준으로 안정시키기 위한 조치를 강구할 의무를 지게 되었다. 부속서 Ⅰ국의 일람은 38쪽을 참조.

「지구환경문제」와 「국제환경조약」의 과제

국제적인 환경문제는 북미나 유럽에서 1세기 이상 이전부터 나타나고 있었다. 예를 들면 19세기 말의 미국과 멕시코 간의 리오 그란데(Rio Grande)강의 분수(分水)분쟁이라든지, 1920년 대에 발생한 미국과 캐나다 간의 월경(越境) 대기오염에 관한 트레일 용광소 사건 등이 있다. 단, 이들은 주로 양국 간의 대기나 물 오염이나 자원관리에 관한 문제였다.

그 후 1970년대부터 지구환경문제가 심각해지면서 국제적인 규칙이 필요하게 되어 환경에 관한 선언, 성명, 조약 등이 채택되기에 이르렀다. 역사적으로 중요한 국제적인 합의로는 1972년의 UN 인간환경회의에서 채택된 「인간환경선언」 (스톡홀름 선언)이나 1992년의 UN 환경개발회의 (지구 서밋)에서 채택된 「환경과 개발에 관한 리우 선언」(리우 선언) 등이 있다. G7/G8 정상회의의 선언 등에서도 1984년의 런던 정상회의 이래 거의 매회 환경문제가 채택되고 있다.

국제적인 규약 가운데 법적구속력을 갖는 것이 국제환경조약이며, 법률분야에서는 「국제환경법」이라고 하는 분야를 형성하고 있다.(주1) 국제환경법의 특색으로는 다음의 다섯 가지를 들 수 있다.

첫째로, 기후계나 자연계 등 인류 공통의 재산을 지키는 일에 대하여 각국이 국제사회 전체에 대하여 지고 있는 「보편적 의무」와 현대 세대가 장래 세대에 대하여 지고 있는 「세대간 형평」에 대한 배려이다.

둘째로, 장래의 손해발생에 관하여 과학적 불확실성이 있다 하더라도 불가역적인 중대한 손해가 발생하는 경우에는 사전에 예방할 필요가 있다고 하는 「예방원칙」이다.(주2)

셋째로, 조약 책정방법의 「유연성」이다. 국제환경조약에서는 각국의 구체적인 권리와 의무 등을 규정하지 않은 채 기본 틀만을 정하고, 뒤따라 별도의 의정서로 정하는 방식을 취하는 경우가 많다 (협약조약과 의정서).(주3)

넷째로, 조약을 준수 시키는 방법으로 체약국에게 계획책정과 보고를 요청하고, 조약국회의가 심사하여 불충분한 경우에는 권고한다고 하는 「보고심사 제도」를 취하는 경우가 많다.(주4)

마지막으로는, 국가의 능력에 따라 의무를 부과하는 「의무의 차별화」, 「의무의 다중화」를 들 수 있다.(주5)

기후변화협약조약과 교토의정서에는 첫째부터 다섯째까지 모든 특색이 조문에 포함되어 있으며, 전형적인 국제환경법으로서의 요건을 갖추고 있다.(주6) 단, 「기후변화협약」의 발효(1994년)부터 교토의정서의 발효(2005년)에 이르기까지 실로 10년 이상의 긴 시일이 지났기 때문에 실효성도 저하되는 등 협약조약과 의정서 방식이 안고 있는 문제점도 표면화되었다.

협약조약·의정서 방식은 과학적 지견이 불충분한 환경문제를 대상으로 하며, 일반적 의무나 기본 틀만을 우선 조약으로 정하고 과학적 지견의 진보에 따라 구체적인 의무와 책임을 조약국회의(COP)에서 교섭하여 의정서로 확정하도록 하고 있다. 협약조약에는 보다 많은 국가의 참여가 용이해지기 때문에 기후변화와 같은 지구환경문제에 효과적으로 대처할 수 있으며, 오존층 보호를 위한 비엔나 조약, 몬트리올 의정서 등 많은 국제환경조약에 이 방식이 적용되고 있다. 그러나 의정서의 교섭 단계에서는 각국의 이해 대립이 표면화되어 좀처럼 합의가 되지 않는 문제점을 안고 있다.

교토의정서를 둘러싸고 교섭이 장기화된 것은 교토메커니즘이나 삼림 흡수원에 관한 운용규칙이나 정의 등의 합의형식이 곤란했기 때문이며, 기후변화협약 제7회 당사국 총회(COP7, 2001년, 마라케쉬)의 마라케쉬 합의에 따라 가까스로 결말을 보았다. CDM의 조림 프로젝트에 관한 정의, 운영규칙 등의 정비에는 3년이 더 걸려 2004년의 CDP10에서 합의에 도달하였다. IPCC 보고에 따른 과학적 지식의 발전을 고려하면서 교섭을 거듭함으로써 오랜기간이 소요되었다. 하지만 국제정세의 변화나 미국의 이탈이 교섭의 장기화에 영향을 미친 것을 부정할 수는 없다.

(주1) UN 인간환경회의(1972년) 이래 직접·간접으로 환경을 다룬 조약의 수는 900을 넘고 있지만 그 이행(실시)은 불충분한 것으로 되어 있다. (岩間徹 「환경조약의 전개」 (大塚 直·北村喜宣 편 "환경법학의 도전" 일본평론사, 2002년)에 따름)

(주2) 「예방원칙」은 환경법에서는 중요한 원칙으로 되어 있으며, 온난화 대책이나 유해물질 대책에서는 특히 중요시된다.

(주3) 협약조약과 의정서의 병행방식이라고 불리기도 한다 (앞서의 岩間의 글).

(주4) 첫째에서 넷째까지는 大塚 直 "환경법" 有斐閣, 2002년 117~118쪽을 인용.

(주5) 앞서의 岩間의 글.

(주6) 小林紀之 「교토의정서의 과제와 제2 약속기간의 활동에 관한 고찰」 『일본대학 법과대학원 법무연구』 창간호 2005년 3월, 125~126쪽

1-3 교토의정서란?

1997년 12월에 일본에서 지구 온난화 방지 교토회의가 열렸다. 정확하게는 기후변화협약 제3회 당사국 총회이며 「COP3」라고 약칭한다. 이 COP3에서의 합의사항을 취합한 것이 「교토의정서」이다. 교토의정서에는 온난화 방지를 추진하는 기본사항, 국제적인 기본 틀이 제시되어있다. 그 주안점은 다음의 3개 항목이다(표1-3-1).

① 지구 온난화를 초래하는 이산화탄소(CO_2) 등 온실효과가스(주1)의 배출량 저감목표를 선진국 등에서 처음으로 약속하였다는 것(법적 구속력이 있는 수치목표의 설정).

② 삼림 등 흡수원(「싱크」라 한다)의 CO_2 흡수량이 한정적이지만 저감목표의 산정에 가미되었다는 것.

③ 교토메커니즘이라고 불리는 배출권거래(ET), 공동실시(JI), 청정개발체계(CDM) 등의 국제제도가 도입되었다는 것.

[표1-3-1] 교토의정서의 개요와 삼림 등 흡수원의 위치

조항	내용
제3조 1항	법적 구속력이 있는 수치 목표
온실효과가스 저감률	조결국(부속서 I 국)은 제1약속기간(2008~2012년)에 온실효과가스(GHG)의 배출량을 1990년 대비로 적어도 5% 저감. 저감목표(QELRO)는 일본 6%, 미국 7%, EU 8%, 러시아 0% 등.
제2조 1항 (a) (ii)	지속 가능한 삼림 경영을 실천하고 조림 및 재조림을 촉진.
제3조 3항	한정적인 인위적 활동(1990년 이후의 신규 조림, 재조림 및 삼림감소)을 대상으로 했을 때의 온실효과가스 흡수량을 가미한다.
제3조 4항	토지이용, 토지이용 변화 및 임업분야(LULUCF)에 있어서의 온실효과가스 배출 및 제거의 변화에 관련하는 추가적, 인위적 활동을 검토.

일본의 기준년 배출량은 12억 3,690만 톤(CO_2 환산)

일본의 기준년 배출량은 1990년의 이산화탄소(CO_2), 메탄(CH_4), 일산화이질소(N_2O)의 배출량과 1995년의 HFCs, PFCs, SF6의 배출량을 온실효과계수(Global Warming Potential: GWP)로 환산한 합계 값인 12억 3,690톤(CO_2 환산)으로 되어있다. 단, 기준년 배출량은 최신 자료 등으로 인하여 변경될 가능성이 있다.

이 가운데에서 ①의 수치목표에 관해서는 부속서 I 국에 대하여 2008년~2012년(제1 약속기간)의 온실효과가스 배출량을 기준년 배출량(1990년의 온실효과가스 배출량)에 비하여 적어도 평균 5% 저감하도록 의무화하고, 또한 EU는 −8%, 미국은 −7%, 일본은 −6%라는 식으로 국가별 배출 저감수치 목표를 설정하였다(38쪽의 표1−5−1 참조).

한편 교토의정서에 관해서는 아래와 같은 문제점이 지적되고 있었다.

① 개발도상국의 불참 문제(G77 등 약 130개국의 배출저감 의무화가 미루어지게 되었다).

② 저감목표의 타당성, 국가별 저감률의 타당성, 공평성 문제.

③ 교토메커니즘의 제도설계 등, 교토의정서의 구체적 내용이 차후의 검토사항으로 미루어졌다는 것.

이들 문제 때문에 미국이 이탈을 표명을 하는 등 교토의정서는 발효까지 많은 시간이 걸렸고, 가까스로 2005년 2월 16일에 발효하였다.

교토의정서의 발효에는 두 가지 요건이 있었다. 첫째 요건은 「55개국 이상의 국가가 체결」. 둘째 요건은 「체결한 부속서 I 국의 1990년도 합계 이산화탄소(CO_2) 배출량이 부속서 I 국의 합계 배출량의 55% 이상」이다.

첫째 요건은 원활하게 해결(2005년 4월 29일 현재로 150개국·지역이 체결 완료)되었지만, 문제가 된 것은 둘째 요건 즉 55%를 채울 수 있는가 하는 것이었다.

[그림 1-3-1] 1990년의 부속서 I 국의 이산화탄소 배출 비율

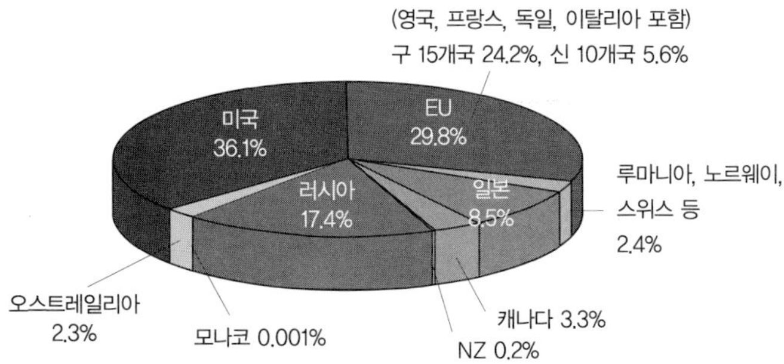

출처 : 환경성 자료에 기초하여 작성

1990년의 부속서 I 국의 이산화탄소 배출 비율을 표시한 것이 그림1-3-1이다. 체결완료는 구 EU 24.2%, 일본 8.5%, 캐나다 3.3% 등 합계 44.2%이고, 배출 비율 17.4%를 차지하는 러시아가 의정서 발효의 열쇠를 쥐고 있었다. 이러한 러시아가 2004년 11월에 의정서에 비준함으로써 발효요건이 충족되어 다음해 2005년 2월의 의정서 발효에 이르게 되었다.

그러나 CO_2의 배출 대국인 미국과 오스트레일리아가 교토의정서의 비준을 거부하고 있으며 여기에 개발도상국도 포함하면 교토의정서를

비준하지 않은 국가의 수는 약 40개국에 이르고 있다. 이 때문에 교토의정서의 기본 틀을 초과하는 새로운 온난화 대책 강구의 필요성이 지적되기에 이르렀다(3-12 ~ 3-14 참조).

(주1) 교토의정서가 지정한 온실효과가스는 이산화탄소(CO_2), 메탄(CH_4), 일산화이질소(N_2O), HFCs, PFCs, SF6의 6개 종류이다.

(주2) 기준년 배출량은 HFCs, PFCs, SF6에 대해서는 1995년의 배출량으로도 무방한 것으로 되었다.

1-4 IPCC가 평가한 삼림·목재의 온난화 방지 기능이란?

지구 온난화 대책에 관한 검토를 계속하고 있는 「기후변화에 관한 정부간 패널」(IPCC)은 토지이용, 토지이용 변화 및 임업분야(Landuse, Land-use change and forestry, "LULUCF"라고 약칭한다)에서 보호, 흡수, 대체의 세 가지 방법을 취함으로써 공기 중의 이산화탄소(CO_2) 농도의 상승을 완화할 수 있다고 하는 견해를 제시하였다(주1). 구체적으로는, 2001년에 발표한 「IPCC 제3차 보고서」 가운데 제3 작업부회 보고서의 완화대책(mitigation)의 장에서 LULUCF의 지구 온난화 방지 기능 (CO_2의 증가를 완화하는 기능)을 다음과 같이 분석하였다.

「삼림이나 농업용지, 그리고 그 밖의 육상 생태계 시스템은 큰 탄소 완화 잠재력을 제공한다. 반드시 영구적인 것은 아니지만 탄소를 보전하고 격리한다는 것은 다른 옵션에 대한 새로운 개발이나 실시에 대하여 시간의 여유를 제공하는 가능성이 있다.」

IPCC는 LULUCF가 지니고 있는 CO_2의 증가를 완화하는 기능을 「생물적 완화」라 부르고, 「생물적 완화」 대책을 추진하기 위하여 다음의 세 가지 전략을 제시하고 있다.

① 기존의 탄소 풀의 보전

② 탄소 풀의 규모 확대에 의한(탄소의) 격리

③ 지속적으로 생산할 수 있는 생물기원의 제품에의 전환

모두에서 설명한 세 가지 방법과 비교하면 보호가 ①, 흡수가 ②, 대체가 ③의 전략에 해당한다.

또한 IPCC는 전략의 예로서 「완화 옵션」도 제시하고 있으며 이들을 종합해보면 표1-4-1과 같다. 이 가운데에서 「보전과 격리(보호와 흡수 : 필자 주1)는 보다 많은 탄소저장을 유도하는 동시에 인위적이거나 자연적인 교란으로 인한 탄소배출을 한정하는 데 있어서 중요한 작용을 한다」고 평가하였다. 또한 「대체를 함으로써 얻는 편익은 원칙적으로 무한히 계속될 수 있다. 작물, 목재, 지속 가능한 대체 에너지를 생산하기 위한 토지를 적절하게 관리하는 것은 기후변화 완화의 편익을 증가시킬 가능성이 있다. 적절하게 실시한다면 사회, 경제, 환경적인 편익을 얻을 수가 있다」고 평가하고 있다.

[표1-4-1] 「생물적 완화」의 방법, 전략, 옵션 (삼림·목재 관련)

방법	완화 전략	완화 옵션 (전략 예)
보호	기존 탄소 풀의 보전	삼림벌채의 지연 또는 중지, 자연림 관리방법의 개선, 방화관리, 방충관리, 삼림보전
흡수	탄소 풀의 규모 확대에 의한 격리	삼림관리의 개선, 신규 조림, 재조림, 조생림(早生林)의 수립, 도시부에서의 조림, 폐기물관리의 변경, 목재제품 내의 탄소 저류량 증가
대체	지속적으로 생산할 수 있는 생물기원의 제품에의 전환	에너지 집약도가 높은 건설자재를 목재로 전환, 화석연료를 바이오매스로 전환

출전: 『IPCC 지구 온난화 제3차 보고서』 (IPCC편, 중앙법규 출판, 2002년)의 134, 135, 153, 158, 159쪽의 기술을 바탕으로 하여 필자가 표로 만들었음.

즉 삼림을 지속적으로 경영, 관리하고 환경에 배려하면서 목재를 적절하게 이용하는 것이 지구 온난화 방지에 공헌할 수 있다고 국제적인 검토의 장에서도 인정을 받고 있는 것이다.

「IPCC 제3차 평가보고서」는 「생물적 완화」에 의한 전세계적인 잠재력(탄소 저감량)과 그를 위한 비용 예측치를 제시하였다. 「상당한 불확실성이 따른다」는 전제 하에 2050년까지 누적으로 100GtC(기가 탄소 톤)(주2) 규모의 저감이 가능하며, 이는 같은 기간에 화석연료에서 배출되는 양의 10~20%에 해당하는 것으로 되어있다. 덧붙여 말한다면 1995년에 공표된 「IPCC 제2차 평가보고서」에서는 83~131GtC(삼림에서 60~87GtC, 농업용 토양에서 23~44GtC) 라고 하는 저감 예측치가 제시되어 있었다.

이산화탄소 톤과 탄소 톤

이산화탄소(CO_2)의 배출량이나 흡수량을 표시하는 데에는 이산화탄소 톤(t-CO_2)과 탄소 톤(tC, t-C)을 구분하여 사용한다. 두 가지가 모두 톤 당의 중량을 나타내며 양자의 관계는 1t-C=1t-CO_2×(12/44) 의 식으로 표시할 수 있다 (주). 즉 이산화탄소 톤에 12/44를 곱하면 탄소 톤이 되고, 반대로 탄소 톤에 44/12 (1.37)을 곱하면 이산화탄소 톤이 된다. 일반적으로 배출에 주안점을 두는 경우에는 이산화탄소 톤, 흡수에 주안점을 두는 경우에는 탄소 톤을 사용하는 경향이 있다. 또한 수목의 흡수량을 표시하는 경우에는 이산화탄소 톤으로, 목재의 고정량을 표시하는 경우에는 탄소 톤으로 표시하는 경우가 많다.

(주) 12라는 값은 CO_2 분자 중에 원자량 12인 탄소가 한 원자 포함되어 있다는 것이다. 또한 44라는 값은 CO_2의 분자량 (C_{12}+2×O_{16}=44)을 뜻한다.

또한 IPCC는 「생물적 완화」의 잠재력이 가장 큰 것은 아열대와 열대지역이며 그 비용은 0.1~20 US달러/tC 정도가 될 것이라고도 예측하고 있다. 이는 비열대 지역에서 「생물적 완화」 대책을 추진할 경우의 비용 예측(20~100 US달러/tC)을 대폭으로 밑도는 수준이다.

(주1) IPCC가 제시하고 있는 보호, 흡수, 대체의 정의는 다음과 같다 ("IPCC 지구온난화 제3차 보고서" (IPCC편, 중앙법규 출판, 2002년) 표 TS-2 (153쪽)의 주a 에 의거).

- 보호: 식생이나 토양 유기물과 생태계로부터 나오는 제품을 포함한 현존의 탄소 매장량을 유지, 보전하는 적극적 조치.
- 흡수: 이미 존재하는 탄소 저류량을 증가시키기 위하여 의도적으로 취하는 조치.
- 대체: 화석연료나 에너지 집약적 제품을 재생 가능한 생물적 생산물로 바꾸어놓고, 그것으로 화석연료의 연소로부터 발생하는 CO_2 배출을 회피하는 행동.

(주2) G (기가)는 10억을 표시하는 단위이다. 1GtC는 탄소환산으로 10억 톤을 뜻한다.

1-5 온실효과가스의 저감목표와 삼림과의 관계는?

1-3에서 설명한 바와 같이 교토의정서에서는 이산화탄소(CO_2) 등의 온실효과가스를 부속서 I 국(선진국 등) 평균으로 적어도 5% 저감하기로 합의되었다. 각국별 저감목표는 표1-5-1과 같으며 일본은 6%의 목표치가 설정되었다. 즉 일본은 제1약속기간(2008년~2012년)의 온실효과가스 배출량을 1990년 시점의 배출량(기준년 배출량)보다 6% 저감하도록 의무화된 것이다.

또한 교토의정서는 삼림 등의 흡수원(싱크)에 의한 CO_2 흡수량을 한정적이기는 하나 저감목표를 달성하기 위하여 넣는 것을 인정하였다. 구체적으로는 국내에서의 삼림 경영(1-6, 1-7 참조)이나 해외 조림(공동실시(JI)나 청정개발체계(CDM), 1-11, 1-1 참조)에 의한 CO_2 흡수량이 그 대책이 된다.

[표1-5-1] 교토의정서 부속서 I 국의 온실효과가스 배출 삭감수치 목표

EU 가맹국	수치목표(%)	시장경제 이행국가	수치목표(%)	기타국가	수치목표(%)
포르투갈	27	러시아	0	아이슬란드	10
그리스	25	우크라이나	0	오스트레일리아	8
스페인	15	헝가리	−6	노르웨이	1
아일랜드	13	폴란드	−6	뉴질랜드	0
스웨덴	4	불가리아	−8	크로아티아	−5
핀란드	0	체코	−8	캐나다	−6
프랑스	0	에스토니아	−8	일본	−6
네덜란드	−6	라트비아	−8	미국	−7
이탈리아	−6.5	리투아니아	−8	스위스	−8
벨기에	−7.5	루마니아	−8	리히텐슈타인	−8
영국	−12.5	슬로바키아	−8	모나코	−8
오스트리아	−13	슬로베니아	−8		
덴마크	−21				
독일	−21				
룩셈부르크	−28				
EU 전체	−8				

[표1-5-2] 6% 저감목표 달성을 위한 구분별 목표

	구분	목표
온실효과가스 배출억제	1. 에너지원 CO_2	+0.6
	2. 비 에너지원 CO_2	▲0.3
	3. 메탄	▲0.4
	4. 일산화이질소	▲0.5
	5. 대체 후론 등 3종 가스	+0.1
산림 흡수원		▲3.9
교토메커니즘		▲1.6
합계		**▲6.0**

注: 에너지원 CO_2의 내역은 산업부문 -8.6%, 운수부문 +15.1%, 가정·상업 기타 (이른바 민생부문) +10.8%이다.

출처: 「교토의정서 목표달성 계획」에서 작성.

이와 같은 교토의정서의 결정에 기초하여 일본정부는 2005년 4월에 각의에서 결정한 「교토의정서 목표달성계획」에서 6%의 저감목표를 달성하기 위한 구분별 목표를 표1-5-2와 같이 정했다.

에너지원의 CO_2 저감목표가 +0.6%로 설정되는 한편 삼림 경영 등에 의한 CO_2 흡수량으로 3.9% 정도를 확보하는 것으로 되어 있으며(주), 산업 및 민생분야의 저감노력에 따른 배출 저감량(목표)에 비하여 삼림의 CO_2 흡수기능에 크게 의존하는 모양으로 되어있다. 선진국의 지구 온난화 대책과 비교하더라도 일본은 삼림 흡수에 대한 의존도가 높다.

한편 농림수산성은 2002년 12월에 「지구 온난화 방지 삼림 흡수원 10개년 대책」을 책정하고 「삼림·임업 기본계획」에 따른 삼림정비나 목재이용 등의 추진에 착수함으로써 3.9%의 목표달성 방침을 내놓고 있다(2-18 참조).

일본의 삼림은 자가용 4,500만 대분의 CO_2를 흡수하고 있다

삼림을 구성하고 있는 수목은 이산화탄소(CO_2)를 흡수하여 탄소로서 고정되어있다. 수목이 성장함에 따라 탄소의 저장량도 증가한다.

수목의 CO_2 흡수능력은 수종과 성장단계에 따라 달라지며, 1997년도의 「임업백서」(임업의 동향에 관한 연차보고)에서는 수목 및 삼림의 연간 CO_2 흡수량을 표1-5-3과 같이 계산하였다.

일본의 삼림면적은 2,512만 ha(국토의 약 70%)이다. 이 가운데 인공림이 약 40%를 차지하고 그 중 80%가 45년생 이하이므로 CO_2 흡수력과 성장이 왕성한 숲이 많다 (1995년 현재).

이와 같은 일본의 삼림 전체의 연간 CO_2 흡수량은 2,700만 탄소(C) 톤(9,900만 CO_2 톤)이며, 이는 국내의 자가용차 총대수 4,500만대의 CO_2 총배출량에 해당한다(주). 또한 1995년의 일본 전체의 CO_2 배출량은 3.3억 탄소 톤이었기 때문에 삼림은 그 약 8%를 흡수한 셈이 된다.

(주) 평균연비: 10km/리터, 주행거리 : 연간 1만km의 휘발유차를 가정하여 산출한 것이다.

[표1-5-3] 수목, 삼림의 연간 CO_2 흡수량

	연간 CO_2 흡수량
삼목 1주 (50년 생)	3.8kg (탄소 환산)
삼목 23주 (50년 생)	1인 당의 호흡 배출량 (연 87kg·탄소환산)에 해당
삼목 700주 (50년 생)	1인 당의 총 배출량 (연 2.65 탄소 톤)에 해당
일본의 삼림 전체	일본의 총 배출량의 8%를 흡수 (자가용차 4,500만 대분의 CO_2 배출량 해당)

주: 50년 생 삼목은 지름 26cm, 수고 26m로 하여 계산.
출처: 「임업백서」 1997년도 판 144~145쪽.

세계의 삼림은 중요한 탄소 저장고

세계의 삼림은 연간 7~8억 탄소(C) 톤 정도의 이산화탄소(CO_2)를 흡수하고 있는 것으로 추정되고 있다. 그 근거로 제시되는 것은 2000년 5월에 발표된 「IPCC 흡수원 특별보고서」에 표시되어 있는 CO_2의 연간수지(Average annual budget of CO_2)이다(표1-5-4). 이 표의 ⑤ 육상생태계가 흡수하는 CO_2의 순흡수량이 삼림의 CO_2 흡수량에 거의 맞먹는 것으로 생각되고 있다. 또한 마찬가지로 「IPCC 흡수원 특별보고서」는 삼림식생에 4,660억 톤, 삼림토양에 2조 톤의 탄소가 저장되어 있다는 추계치도 밝히고 있다 (그림1-5-1). 삼림식생이 저장하고 있는 탄소량은 전 식생의 저류 탄소량의 80% 가까이를 차지하며 토양도 삼림이 40%를 차지하고 있다. 세계의 삼림은 육지면적의 30%를 차지한 것에 불과하지만 중요한 탄소의 저장고로 되어 있다는 것이 이 숫자를 통해 알 수 있다.

[표1-5-4] 세계의 CO_2 수지 시산 (단위: 억 톤)

	1986~1989	1989~1998
① 화석연료의 연소와 시멘트 제조에 따른 CO_2 배출	55±5	63±6
② 대기 중에 축적	33±2	3±2
③ 삼림감소 등의 토지이용 변화에 기인하는 배출량	17±8	16±8
④ 해양에 흡수된 양	20±8	23±8
⑤ 육상생태계의 순 흡수량	2±8	7±8

출처 : 「IPCC 흡수원 특별보고서」

[그림1-5-1] 1989~1998년의 지구생태계에 있어서의 탄소 사이클

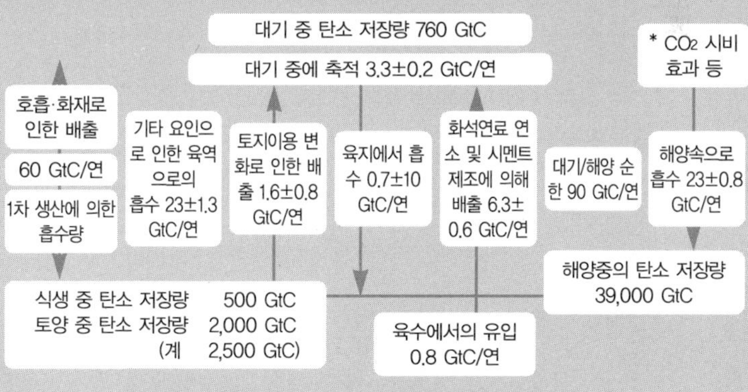

출처: 「IPCC 흡수원 특별보고서」에 의거하여 작성.

(주) 「교토의정서 목표달성계획」에는 다음과 같이 적혀있다. 「교토의정서 제3조 3 및 4의 대상삼림 전체에서 일본의 삼림 경영에 의한 흡수량으로 COP7에서 합의된 1300만 t-C(4,767만 t-CO_2, 기준년 총배출량 비율 3.9%) 정도의 흡수량 확보를 목표로 한다.」

1-6 일본의 삼림에 기대하는 CO_2 흡수량은?

40쪽의 컬럼 난에서 일본의 삼림(2,512만 ha)은 연간 2,700만 탄소(C) 톤의 이산화탄소(CO_2) 흡수능력이 있다고 하는 계산 결과를 소개하였으며 1-3에서 설명한 바와 같이 교토의정서는 삼림 등의 흡수원(싱크)을 통한 CO_2 흡수량을 한정적으로 밖에 인정하지 않는다.

구체적으로는 교토의정서의 제3조 3항 및 4항의 대상이 되는 활동이 실시된 삼림의 CO_2 흡수량만이 인정될 따름이다(표1-6-1). 삼림이 있거나 정비되어 있으면 자동적으로 CO_2 흡수량이 계산되지 않는다는 점에 유의하여야 한다.

[표1-6-1] 교토의정서 상의 흡수원 관련 조항

교토의정서 조항	대상이 되는 활동
제3조 3항	신규조림(afforestation), 재조림(reforestation), 삼림감소(deforestation)의 세 가지 활동으로 1990년 이래 실시된 것.
제3조 4항	3조 3항 이외의 추가적 인위적 활동(삼림 경영(forest management), 농지관리(cropland management), 식생회복(revegetation)의 4개 활동이 대상)으로 1990년 이래 실시된 것.

주: 이 표에는 마라케쉬 합의에서의 결정사항(1-7)도 추가하여 기록하였다.

1-7과 2-8에서 다시 설명하겠지만, 일본의 경우 제3조 3항으로 규정하는 신규조림, 재조림의 대상이 되는 삼림이 거의 없기 때문에(삼림감소는 CO_2의 감소로 된다) 제3조 4항의 규정에 따라 1990년 이래 추가적 인위적 활동이 이루어진 삼림으로 3.9%(1,300만 탄소 톤)의 CO_2 흡수량을 확보하도록 하고 있다(그림1-6-1).

추가적 인위적 활동의 구체적인 내용은 2-19에서 설명하겠지만, 정부(임야청)는 국내 삼림면적의 약 70%에 해당하는 1,750만 ha의 삼림으로 적절한 「삼림 경영」 활동을 실시하지 못한다면 3.9%의 CO_2 흡수는 달성할 수 없다고 한다.

[그림1-6-1] 교토의정서 상의 흡수량 산입의 구조

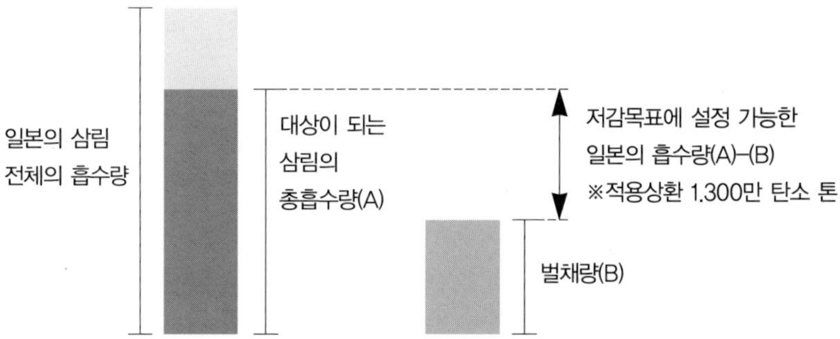

출처: 임야청 업무자료에 따라 작성

한편, 정부가 2005년 4월 28일에 각의 결의한 「교토의정서 목표달성 계획」에서는 「삼림·임업 기본계획에 표시된 삼림이 가지는 다면적 기능의 발휘에 관한 목표와 임산물의 공급 및 이용에 관한 목표대로 계획이 달성될 경우」에는 3.9%(=4,767만 t-CO_2) 정도의 흡수량이 가능하다고 하나, 「현재 정도의 삼림정비 현황 등으로 추이한 경우에는 목표달성이 매우 어려울 것으로 예상된다」고 심각한 견해를 보이고 있다.

1-7 교토의정서 상의 「삼림 경영 활동」이란?

1-6에서 설명한 바와 같이 교토의정서는 삼림 흡수원(싱크)의 이산화탄소(CO_2) 흡수량에 관하여 의정서의 제3조 3항 및 4항의 규정에 따라 한정적으로만 인정하고 있다. 그 구체적인 내용(운용규칙)이 2001년 11월~12월에 모로코의 마라케쉬에서 개최된 기후변화협약 제7회 당사국 총회(COP7)에서 결정되었다(마라케쉬 합의).

교토의정서의 제3조 3항은 신규조림(afforestation), 재조림(reforestation)에 의한 CO_2 흡수와 삼림감소(deforestation)에 의한 CO_2 배출을 카운트 할 수 있다고 되어 있으나 마라케쉬 합의에 따라 ① 토지이용의 전환과 ② 언제까지 그 토지가 삼림이었는가, 그리고 ③ 언제 심었는가의 3가지 사항에 따라 대상이 되는 활동이 한정되었다.

우선 신규조림이란 과거 50년간 이상 삼림이 아니었던 토지에 조림(식재, 파종, 천연 하종(下種)의 인위적 촉진)을 하는 것이다.

이상의 정의에 따르면 벌채한 빈터에서의 조림은 토지가 일단 농지 등으로 전환되어 있지 않은 한 신규조림이나 재조림으로 인정되지 못한다. 따라서 일본에서는 교토의정서의 제3조 3항의 대상이 되는 조림지는 거의 없다고 볼 수 있다.

다음으로 교토의정서 제3조 3항의 대상이 되는 활동(주)은 삼림 경영(forest management), 농지 관리(cropland management), 방목지 관리(grazing land management), 식생회복(revegetation)의 네 가지이고

1990년 이후에 실시된 것에 한하여 제1약속기간(2008년~2012년) 동안에 적용이 가능하도록 되었다.

[표1-7-1] 주요국가의 흡수량 적용 상한치

(단위: 만 탄소(C) 톤)

흡수량	적용 상한치	기준년 배출량 비율	삭감목표
일본	1300	3.9%	6%
캐나다	1200	7.3%	6%
러시아	3300	4.0%	0%
뉴질랜드	20	1.0%	0%
프랑스	88	0.6%	8%
독일	124	0.4%	8%
영국	37	0.2%	8%
스웨덴	58	3.0%	8%

주: 미국의 흡수량 적용 상한치는 미설정.
출처: 임야청 업무자료.

또한 각국별로 흡수량 적용(산입) 상한치가 표1-7-1과 같이 결정되었으며 일본은 1,300만 탄소(C) 톤(기준년 배출량의 약 3.9%에 상당)으로 되었다. 1-5에서 설명한 바와 같이 일본정부는 「교토의정서 달성계획」에서 삼림을 통하여 3.9%의 CO_2 흡수를 확보한다고 하였기 때문에 이 적용상한까지 삼림의 CO_2 흡수기능을 활용할 수 있게 되어있다.

또한 마라케쉬 합의에서도 제3조 4항에 적혀있는 「추가적 인위적 활동」의 정의 즉, 「삼림 경영」에 관한 명확한 정의는 없이 각국이 각각의 삼림 경영의 실태에 맞게 판단하여 적용하고 있다(2-19 참조).

「삼림」의 정의

교토의정서에서 이산화탄소(CO_2)의 흡수원으로서 인정 받은 삼림을 어떻게 정의할 것인가 하는 문제는 당사국 총회(COP)나 「기후변화에 관한 정부간 패널」(IPCC) 등에서 검토되었으나 각국의 이해와 기대가 얽혀서 난항하던 끝에 2001년 10월~11월에 개최된 COP7(마라케쉬 합의)에서 간신히 결정되었다.

그 내용을 취합한 것이 표1-7-2(47쪽)이며, 참고로 UN 식량농업기구(FAO)가 공표한 삼림에 관련된 정의도 함께 실었다.

이 표에서 알 수 있는 바와 같이 마라케쉬 합의에 따른 삼림의 정의는 FAO의 정의에 비하여 상세하게 규정되어 있다. 이는 교토의정서의 제3조 3항 및 4항에서 대상으로 하는 삼림의 범위를 보다 엄밀하게 규정하기 위해서이다. 단, 세계에는 다양한 형태의 삼림이 분포하고 있기 때문에 수고(樹高), 밀도, 면적의 숫자에는 여유를 두고 이 범위 내에서 각국이 선택할 수 있도록 되어 있다.

흡수원의 대상이 되는 삼림을 가장 넓게 선택하려고 하면 수고 2m 이상, 수관율 10% 이상, 면적은 0.05ha 이상으로 정의할 수 있다. 예컨대 이 정의에 따라 소림(疎林)으로서 낮은 나무가 자라고 있는 25m 풀장 정도의 숲을 흡수원의 대상으로 하는 것도 가능하다(주). 다만 이와 같은 좁은 소림은 없어지기 쉽고, 교토의정서의 제3조 3항에서 규정하는 삼림감소의 대상이 되기도 쉽기 때문에 CO_2의 배출원으로 카운트 될 우려도 배제할 수 없다.

따라서 각국은 교토의정서의 제3조 3항에서 흡수원의 대상이 되는 삼림의 면적과 제3조 3항에서 삼림감소에 카운트 되는 면적을 비교 검토하여 자국 나름의 삼림의 정의를 결정하여야 한다.

또한 일본의 경우는 마라케쉬 합의에서 제시된 정의의 폭 가운데 어느 숫자를 택하더라도 흡수원의 대상이 되는 삼림면적은 크게 달라지지 않는다고 보고 있다.

(주) 0.05ha은 500m^2 이므로 25×20m 로 25m 풀장 정도의 면적이 된다.

[표1-7-2] 교토의정서와 FAO의 삼림관련 정의

	교토의정서 (마라케쉬 합의)	FAO (SOFO2001)
삼림 Forest	최저수고 2~5m, 수관률 10~30% 이상의 수목이 있는 최저 0.05~1.0ha인 토지 구역	천연림과 인공림이 있고 수관면적이 지표의 10% 이상인 토지로서 농업이나 그 밖의 토지이용에 주로 이용되고 있지 않은 입목이 있는 토지.
삼림 경영 Forest management	삼림이 관련되는 생태적, 경제적, 사회적 기능을 지속가능한 방법으로 충족시킬 것을 지향하고, 삼림이 존재하는 토지의 경영과 이용에 관한 일련의 행위.	특별히 정의하지 않음.
신규조림 Afforestation	적어도 50년간 삼림이 아니었던 토지를 직접적, 인위적으로 인공 삼림으로 전환하는 것.	삼림이 아니었던 토지에 조성하는 것. 토지를 비삼림에서 삼림으로 전환하는 것을 말함.
재조림 Reforestation	삼림이었으나 비삼림으로 전환 되어 있던 토지를 직접적, 인위적으로 삼림으로 전환하는 것. 1990년 1월 1일 이후의 재조림에 한정.	일시적으로 수목이 없게 된 임지에 인공림을 조성하는 것.

주: 필자 역 (일부 의역, 마라케쉬 합의는 임야청 가역(假譯)을 참고하였다.)

출처: 1) The Marrakesh Accords, Decision 11/CP.7 Annex (FCCC/CP/2001/13/Add.1)
2) STATE OF THE WORLD'S FOREST 2001 (SOFO 2001, FAO 2001)

(주) 교토의정서의 제3조 4항은 흡수원(싱크) 활동에 관하여 「『토지이용, 토지이용 변화 및 임업』 분야에 있어서의 온실효과가스의 배출 및 제거의 변화에 관련되는 추가적, 인위적 활동을 검토한다」고 규정하는 데에 그쳤다. 이것이 LULUCF(Land use Land use change and forestry)로 통칭되어 교토의정서의 운용규칙을 검토하는 데에 중요한 사항으로 되고 있다.

1-8 벌채목재(HWP)의 취급은?

교토의정서(제3조 3항 및 4항)의 적용규칙 중 제1약속기간(2008년~2012년)에는 삼림 내에 있는 탄소만을 파악하도록 되어 있다. 벌채한 목재 내에 저장된 탄소에 관해서는 전혀 평가를 하지 않고 벌채 즉, 이산화탄소(CO_2)의 배출로 계산(마이너스 카운트) 하는 것으로 되어 있다.

그러나 벌채한 목재라도 주택이나 가구 등의 목재제품으로 쓰이고 있는 동안은 계속적으로 탄소를 저장하고 있기 때문에 그 온난화 방지 효과를 적정하게 평가해야 한다는 제안이 국제회의 등에서 되풀이되고 있다.

1-4에서 소개한 바와 같이 「IPCC 제3차 평가보고서」 가운데에서도 내구성이 있는 목재제품의 이용을 촉진함으로써 대기 중으로의 CO_2 방출을 방지하여 지구 온난화를 늦추는 효과가 있는 것으로 분석되고 있다.

단, 벌채한 목재(Harvested Wood Products : HWP, "벌채목재 제품"이라고도 번역된다)에 포함되어 있는 계측방법 등에 관해서는 아직도 검토를 계속하고 있는 단계이다. 특히 삼림자원 국가나 목재 수출입량이 많은 국가로서는 국가 전체의 온실효과가스 저감목표에 큰 영향이 미칠 가능성이 있기 때문에 앞으로 HWP 중의 탄소가 국제적으로 어떻게 평가되어갈 것인지, 그 계측·파악에 대한 기법을 포함하여 주시해 나갈 필요가 있다.

HWP에 관한 국제적인 논의는 2004년 중으로 결론 낼 것을 목표로 추진해 왔으나 각국의 합의를 얻지 못했다. 논의의 무대는 제1약속기간 종료 후 (2013년~) 이른바 「포스트 교토」를 지향하는 운용규칙 작성 교섭의 장으로 옮겨 졌으며, 그 주요 논점은 세 가지이다. 첫째는 무엇을 HWP로 규정하고 어디까지를 카운트의 대상으로 삼을 것인가 하는 정의·범위의 문제, 둘째는 언제·어디서 CO_2의 흡수 또는 배출이 이루어졌다고 보는가 하는 평가방법(접근)의 문제, 그리고 셋째는 국가 전체의 HWP 내에 저장된 탄소량을 어떻게 추계하는가 하는 계측방법의 문제이다. 여기서는 국제적 논의의 초점이 되어있는 평가방법의 문제에 관하여 자세히 살펴본다.

목조주택 한 채가 국민 2인분의 CO_2 배출을 상쇄

「이산화탄소(CO_2)의 통조림」이라고 불리는 목재는 일반적으로 1m^3당 225kg의 탄소를 저장하고 있는 것으로 추계되고 있다.

이 추계치를 바탕으로 기둥 한 개, 주택 한 채, 일본 전체의 주택과 레벨 별로 탄소 저장량을 살펴보면 아래의 표와 같이 된다.

표준적인 목조주택에 사용되는 10.5cm각, 길이 3m의 삼목 기둥목재에는 약 6kg의 탄소가 저장되어 있으며, 바닥 연면적 120m^2의 2층 목조주택의 경우 약 23m^3의 목재를 사용하므로 약 5톤의 탄소를 자장하고 있는 셈이 된다.

이 약 5톤의 탄소 저장량은 국민 1인 당 CO_2 배출량의 2년 분에 해당된다. 즉 목조주택 1동을 지으면 2인분의 CO_2 배출량을 상쇄할 수 있는 셈이 된다. 이런 면에서 목조주택은 탄소은행의 역할을 한다고 할 수 있다.

[목재 중의 탄소 고정량]

	탄소 고정량
삼목 1개(10.5cm각, 3m)	약 6kg
목조주택 1동120m^2, 목재 23m^3	5 탄소(C) 톤(1인 당 배출량의 2년분 해당)
전국 주택의 사용 목재	1.4억 탄소(C) 톤

출처: 『임업백서』 1998년도 24쪽에서.

앞에서 설명한 "벌채는 즉 배출"로 간주하는 평가방법(접근)을 IPCC 디폴트 방식(IPCC Default Approach: 잠정방식)이라 한다. 이 평가기법은 1996년에 IPCC가 제시한 방법이며 전술한 바와 같이 제1약속기간(2008~2012년)에는 이 방식을 적용하도록 정해져 있다. 그러나 IPCC 디폴트 방식은 목재이용 시의 탄소저장 효과를 바르게 평가하지 못하고 있다는 불만을 표명하는 나라도 많다.

따라서 현재 검토의 대상으로 되고 있는 것이 ① 축적변화방식(Stock Change Approach), ② 생산방식(Production Approach), ③ 대기흐름방식(Atmospheric Flow Approach)의 세 가지 평가방법이다. 그 개요를 표1-8-1에 제시하였다. 어느 방법이나 삼림의 CO_2 흡수량을 평가하고, "벌채는 즉 배출"이라 간주하지 않고 벌채목재(HWP)의 폐기 시에 CO_2 배출로 하고 있는 점은 마찬가지이다.

[표1-8-1] 벌채목재(HWP) 평가방법의 개요

평가방법	개 요
① 축적변화방식	삼림과 국내에 있는 모든 벌채목재 축적량 변화가 평가대상. 수입재는 소비국에서는 탄소축적 플러스로 되고 수출재는 마이너스로 됨.
② 생산방식	그 나라의 삼림과 거기서 생산된 벌채목재가 평가 대상. 수입재는 대상 외. 수출재는 수출상대국에서 폐기된 시점에 CO_2 배출로 하여 계상.
③ 대기흐름방식	삼림의 CO_2 흡수량과 목재의 폐기, 소각으로 인한 CO_2 배출량의 균형에 착안한 방법. 수입재는 소비국에서의 폐기 시에 CO_2 배출로 하여 계상.

[표1-8-2] 벌채목재(HWP)의 평가방법과 수출입재와의 관계

평가방법	수입재	수출재
① 축적변화방식	소비국에서 수입 시에 탄소축적 플러스	산지에서 수출 시에 탄소축적 마이너스
② 생산방식	수입국에서는 계상의 대상 외	(수출한 목재가) 수출 대상국에서 폐기된 시점에 산지국에서의 배출로 하여 계상
③ 대기흐름방식	소비국에서 폐기 시에 배출로 하여 계상	수출국에서는 흡수로 하여 계상

단, 표1-8-2에 표시한 바와 같이 수출입재를 취급하는 방법이 크게 다르다. ③ 대기흐름방식은 수입재를 소비국에서 폐기하는 시점에 CO_2 배출로 하여 계상하기 때문에 일본과 같이 대량의 목재를 수입하는 나라는 불리하다. 한편 ② 생산방식은 HWP 폐기시에 배출되는 CO_2를 산지국에 계상하기 때문에 뉴질랜드나 북유럽과 같은 목재 수출국으로서는 불리하게 된다.

그 점에 있어서 ① 축적변화방식은 전세계에서 HWP의 저장량을 최대화 하는 데에 이어지며 또한 온난화 방지에도 공헌하기 때문에 일본국내의 연구자들로부터도 효과적인 평가방법이라는 의견이 나오고 있다(注). HWP의 저장량이 증대(벌채목재 제품량이 증가)하면 「탄소저장 효과」만이 아니라 「에너지절감 효과」, 「에너지대체 효과」 등 목재이용의 3대 효과로 인하여 대기 중의 CO_2를 매년 착실하게 그리고 효과적으로 저감할 수 있다고 생각되기 때문이다.

단, 목재수출국은 ③ 대기흐름방식이 유리하다고 판단할 것이고 ② 생산방식의 채택을 원하는 나라도 나타날 것이다.

어찌 되었든 벌채목재의 취급에 관한 논의에는 각국의 국익도 얽히기 때문에 다분히 정치적인 교섭이 될 것으로 보인다.

목재 중의 탄소량을 구하는 산식

49쪽의 컬럼 난에서 「목재는 일반적으로 1m^3 당 225kg의 탄소를 저장하고 있다」고 하였는바, 목재 중에 포함된 탄소량은 다음의 계산식으로 산출할 수 있다.

재적(1m^3) × 용적밀도(0.45t/m^3) × 탄소함유율(0.5) = 탄소량(0.225t)

이 식 가운데 용적밀도란 「재적에 대한 건(乾) 중량의 비율을 말한다. 부피

1m^{3}인 나무의 무게가 어느 정도인지를 표시한 것」(주1)이다. 재적에 용적밀도를 곱하면 함수율 제로인 목재의 중량 즉 절건중량을 구할 수 있다. 용적밀도는 일본에서는 0.45 t/m^{3}를 사용하고 있고 IPCC의 지침서에서도 디폴트치(기정치)로 0.45 t/m^{3}를 사용하고 있다(2-20 참조).

단, 엄밀히 말하면 용적밀도는 수종에 따라 다르며 0.28~0.73 t/m^{3}까지 폭이 있다. 주요 수종으로는 삼나무 0.3~0.33 t/m^3, 노송나무 0.344 t/m^3, 낙엽송 0.44 t/m^3, 물참나무 0.52~0.55 t/m^3, 너도밤나무 0.46~0.57 t/m^3, 오동나무 0.23 t/m^3 등으로 되어있다(주2). 일반적으로는 평균치로 침엽수에서 0.37 t/m^3, 광엽수에서 0.49 t/m^{3}를 적용하는 것으로 되어있다.(주3)

또한 탄소 함유율은 원소조성으로부터 산출되며 목재의 원소조성은 대략 탄소 50%, 수소 6%, 산소 43%이고, 일반적으로는 0.50을 적용하고 있다.

(주1, 3): 松本光明「일본의 삼림에 의한 탄소 축적량과 탄소 흡수량」"삼림과학" No.33 일본임학회 2001년 10월 에 의거.

(주2): 임업시험장「목재공업 핸드북」 丸善 1982년에 의거.

(주): 예컨대 外崎(眞)理雄「벌채목재 워크숍」 목재공업 Vol.60 No.4, (2005년 4월, 일본목재공업가공기술협회) 등이 있다.

1-9 교토메커니즘이란?

교토메커니즘이란 시장 메커니즘을 활용하여 지구 온난화를 방지하는 방법으로 교토의정서에서 인정을 받은 것으로서 국내조치를 보완하는 「유연적 조치」라 불리기도 한다.

지구 온난화의 원인이 되고 있는 온실효과가스의 배출저감(또는 흡수량 증대)은 지구상의 어디서 실시하더라도 동일한 효과가 나타난다. 즉 비용이 낮은 곳에서 실시하는 편이 비용대비효과가 높아진다. 교토메커니즘은 이와 같은 개념을 바탕으로 시장 메커니즘을 도입함으로써 보다 낮은 비용으로 온난화 대책을 효율적으로 실시할 것을 목표로 삼고 있다.

단, 온실효과가스를 대량으로 배출하고 있는 나라가 교토메커니즘을 활용하여 저감목표를 달성하려고 한다면 국내에서의 저감노력을 게을리할 우려가 있기 때문에 환경 NGO 등의 사이에서는 비판적인 의견도 나오고 있다.

한편 교토메커니즘을 적절한 규칙에 따라 실시한다면 환경과 경제의 양립·통합에 이어지는 새로운 비즈니스가 전개될 가능성도 있다. 어쨌든 교토메커니즘에 어떻게 대처해나갈 것인가는 앞으로의 지구 온난화 대책을 고려하는 데 있어서 중요한 요인이 되고 있다.

표1-9-1에 표시한 바와 같이 교토메커니즘에는 배출권거래(Emissions Trading : ET), 공동실시(Joint Implementation : JI), 청정개발체계(Clean Development Mechanism : CDM)라고 하는 세 가지 제도가 있다.

[표1-9-1] 교토메커니즘의 개요

제도명	내 용	근거조항
배출권거래 (ET)	선진국 간에서의 저감량(크레디트) 거래	
공동실시 (JI)	선진국 간에서의 프로젝트에 기인하는 저감량(크레디트)의 국제 이전	
청정개발체계 (CDM)	선진국과 개도국 간에서의 프로젝트에 기인하는 저감량(크레디트)의 국제 이전	

[표1-9-2] 교토메커니즘에 관한 일정

2003년	12월이 COP9에서 아래 사항을 결정 : • CDM의 운용에 필요한 모든 사항(흡수원 활동을 포함) • 지정운영조직(DOE)을 지정 • 국가별 등록부의 상세 • 거래 로그의 시스템 기술기준
2004년	12월의 COP10에서 소규모 CDM 조림의 운용규칙 등을 결정
2005년	2005년 중 : 제2약속기간에 관한 수치목표의 교섭 개시 2005년 말까지 : COP7 결정채택 이전에 개시한 CDM프로젝트의 등록신청 기한
2006년	
2007년	2007년 초까지 아래 사항을 실시하여 내용을 보고할 예정 : • 각국의 초기 할당량 산정 • 국가단위의 배출량 및 흡수량 추계 시스템 설정 • 국가별 등록부 설정
2008년	제1약속기간 개시
2009년	
2010년	
2011년	
2012년	연말: 제1약속기간 종료
2013년	
2014년	4월 15일까지: 2012년(및 제1약속기간 전체)의 배출량·흡수량 산정
2015년	전문가가 실시한 내용심사 종료 후의 COP/MOP 지정일 부터 100일 후 : 조정기간 종료

출처: 환경성 지구환경국 지구 온난화 대책과 『도설·교토메커니즘 제3.1판』에서 작성

이들 세 가지 제도의 구체적인 내용을 1-10~1-12에서 설명하고자

한다. 또한 교토메커니즘에 관한 일정은 표1-9-2를 참고하기 바란다.

1-10 배출권거래(ET)란?

배출권거래(ET)란 온실효과가스 배출량의 수치목표가 설정되어 있는 선진국 간에 「배출 할당량」의 획득·이전을 인정하는 제도이다. 선진국 합계의 총 배출 할당량의 양은 달라지지 않고, 시장 메커니즘에 따라 목표달성을 위한 전체 비용을 낮출 수 있는 것이다.

예컨대 그림1-10-1의 선진국 A를 일본이라 하고 선진국 B를 러시아라고 가정하자. 일본은 배출저감목표 6%를 달성하지 못하면 교토의정서를 지키지 않은 것으로 되지만 현상태로는 달성하기가 어려울 것으로 보인다(주1). 한편 러시아는 저감목표가 ±0%이고 더구나 1990년 이후의 경제활동 저하로 인하여 이산화탄소(CO_2)의 배출량이 감소되어 있기 때문에 「배출 할당량」에는 여유가 있는 것으로 보인다(소위 "핫에어").(주2) 이 경우 일본은 러시아의 잉여 「배출 할당량」를 구입하여 자국(일본)의 저감분으로 할 수가 있다. 이것이 배출권거래(ET)이다.

배출권거래(ET)에서 획득·이전을 할 수 있는 것(unit)은 다음의 네 가지이다.

[그림1-10-1]
배출권거래(ET)의 구조

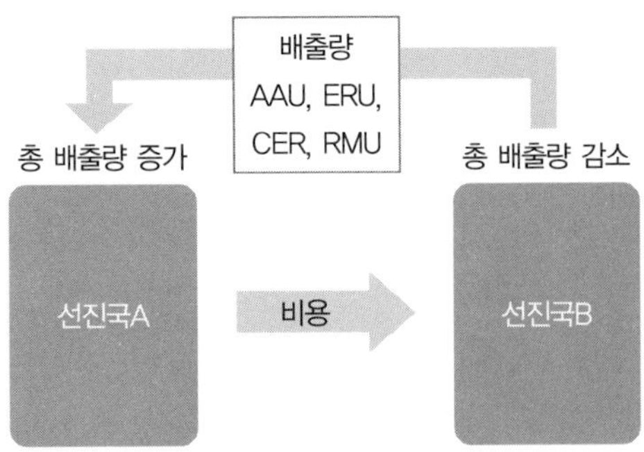

① 기준년 배출량과 목표수치로부터 산출되는 AAU(Assigned Amount Unit=초기할당량)

② JI(1-11 참조)가 발행하는 크레디트(주3)인 ERU(Emission reduction Unit)

③ CDM(1-12 참조)이 발행하는 크레디트인 CER(Certified Emission reduction)

④ 교토의정서 제3조에 입각한 흡수원 활동에 따른 흡수량인 RMU(Removal Unit)

이 가운데 ④의 RMU에는 삼림에서의 CO_2 흡수량이 포함된다. 단, RMU의 발행량에 관해서는 조건이나 상한이 다양하고 흡수량 계산방법에 관해서도 상세한 내용은 아직 미정인 상태이다(1-7, 2-18~2-20 참조).

국가차원의 총 배출 할당량은 상기 「AAU+ERU+CER+RMU」에 「ET에서 획득·이전한 배출 할당량」을 가감한 것이 된다.

또한 제1약속기간의 조정기간 말(2015년)에 총 배출량이 총 배출 할당량보다 적은 경우에는 그 차이분을 차기 약속기간으로 이월(carry over)할 수 있게 되어있다. 단, 여기에도 몇 가지 제한이 있다. 그리고 이 배출권거래(ET)의 구조에는 온실효과가스의 총배출 가능량(총 배출 할당량)을 설정하고 나서 이를 각각의 주체(기업체)에게 교부하고 교부된 배출 할당량(배출권)을 거래하는 제도도 있다. 이 제도는 캡 앤 트레이드(Cap and Trade)라 불리고 있으며, 배출저감목표를 달성하지 못하는 기업은 목표달성 기업으로부터 잉여분의 배출 할당량(배출권)을 구입하게 된다(2-16, 3-1 참조).

(주1) 환경성은 2005년 5월 26일에 일본의 2003년도 온실효과가스 배출량은 1990년 대비로 8.3% 증가했다고 발표하였다. 6%의 저감약속을 달성하려면 증가분도 포함하여 합계 14.3%를 저감하여야 하므로 대단히 힘든 장벽이 되고 있다.

(주2) 단, 「핫에어」를 배출권거래(ET)의 대상으로 삼는 것에는 문제가 있기 때문에 러시아로부터의 잉여 「배출 할당량」 구입에는 신중해야 한다(2-17, 3-13 참조).

(주3) 크레디트(credit) : 배출저감 단위 또는 인증된 배출 저감량을 말한다. 통상은 배출저감 또는 흡수 증대되는 탄소나 이산화탄소의 양으로 환산하여 t(톤)으로 표시된다. 크레디트는 배출권거래(ET)나 JI, CDM을 통하여 교토의정서 체약국 사이에서 거래되는 단위인 것 외에도 국내 삼림 등의 흡수원(싱크)의 흡수량을 표시하는 단위이기도 하는 등 다양한 방법으로 사용되고 있다.

1-11 공동실시(JI)란?

공동실시(JI)란 온실효과가스 배출량의 저감목표가 설정되어 있는 선진국들이 상호 협력하여 선진국(호스트국) 내에서 온실효과가스의 배출 저감 또는 이산화탄소(CO_2)의 흡수증대 등의 프로젝트를 실시하고 그 결과 발생한 배출 저감량(또는 흡수 증대량)을 바탕으로 크레디트를 발행하여 그 크레디트를 선진국(투자국)측의 프로젝트 참가자에게 이전하는 제도이다(그림1-11-1).

JI로 발행되는 크레디트는 ERU(Emission Reduction Unit)라 불리며 배출 할당량으로 활용할 수 있다. 프로젝트를 실시하는 나라를 호스트국, 당해 프로젝트 실시에 협력하는 나라를 투자국이라 한다. 배출권거래(ET)와 마찬가지로 목표수치가 설정되어 있는(총 배출 할당량이 설정되어 있는) 선진국 간의 배출 할당량의 획득·이전이 되기 때문에 선진국 전체의 총 배출 할당량의 양은 달라지지 않는다.

예컨대 투자국인 일본이 호스트국인 러시아에서 조림 프로젝트를 실시하고 이 프로젝트로 인하여 흡수된 CO_2 양(저감량 등)에 따라 발행되는 ERU를 일본으로 이전하여 일본의 저감목표 달성에 활용할 수 있다(2-13 참조).

[그림1-11-1]
공동실시(JI)의 구조

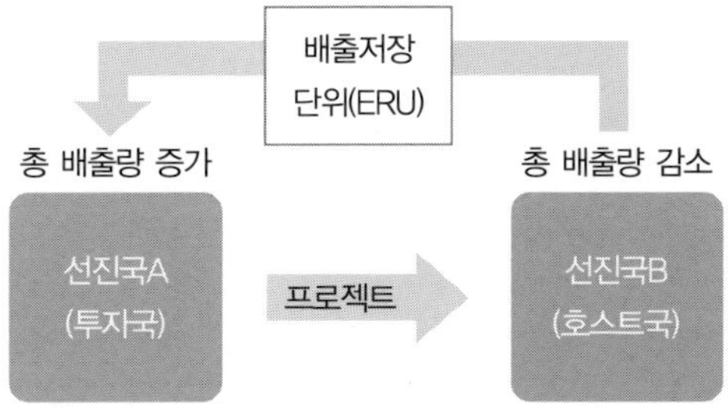

1-12 청정개발체계(CDM)란?

청정개발체계(CDM)는 1-11에서 설명한 공동실시(JI)와 마찬가지로 자국 밖에서 이산화탄소(CO_2) 등 온실효과가스의 배출저감(또는 흡수증대) 등의 프로젝트를 실시하고 그 결과 발생한 배출 저감량(또는 흡수 증대량)을 바탕으로 크레디트를 발행하여 그 크레디트를 프로젝트 참가자 간에 분배하는 제도이다(그림1-12-1).

JI가 선진국 간에서의 프로젝트를 대상으로 하는 데 비하여 CDM은 선진국과 개도국 간에서 실시되는 프로젝트가 대상이 된다.

CDM에서 발행되는 크레디트는 인증배출 저감량(Certified Emission Reduction, CER, 흡수원 CDM (CDM 조림)의 경우는 tCER과 ICER)이라 불리며 배출 할당량으로서 개도국으로부터 선진국으로 이전할 수 있다. 이 결과 선진국의 총 배출 할당량의 양이 증대하기 때문에 크레디트 발행에 있어서의 심사는 엄격하게 이루어진다(2-1~2-6 참조).

CDM은 교토메커니즘 중에서 유일하게 교토의정서의 제1약속기간이 시작되기 전(2000년부터)에 크레디트 획득이 가능하게 되어 있다.

CDM에 입각하여 프로젝트가 이루어지는 개도국을 호스트국, 프로젝트 실시에 협력(투자)하는 선진국을 투자국이라 부른다.

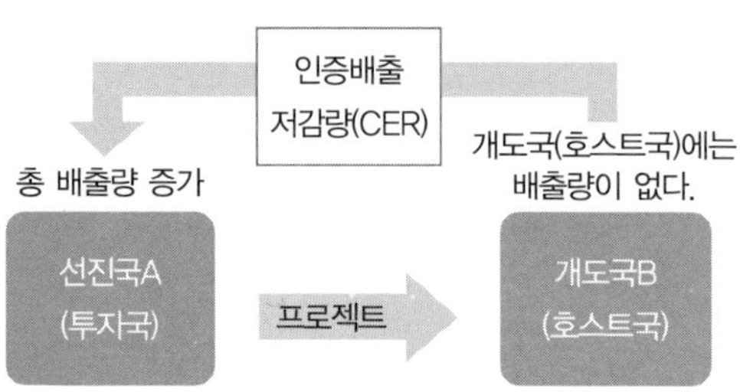

[그림1-12-1]
청정개발체계(CDM)의 구조

JI와 CDM의 선구자 DNS와 AIJ

JI와 CDM의 발상은 1980년대의 「자연보호와 책무의 스와프」(Dept for Nature Swap : DNS)로 거슬러 올라갈 수 있다. DNS는 선진국이 빚을 말소하는 대신 개발도상국에서의 자연보호를 실시하는 수법으로 주목을 받았다. 그리고 JI와 CDM의 전신이 되는 제도는 공동실시활동(Action Implemented Jointly : AIJ)이다. AIJ는 1995년의 기후변화협약 제1회 당사국 총회(COP1)에서 인정된 구조로서 156건 가운데 조림 안건이 4건, 삼림보전안건이 14건 포함되어 있다 (2002년 2월 현재). 주된 투자국은 서유럽과 미국, 수입국(호스트국)은 동유럽과 남미이다. 일본에서는 6건의 조림 안건이 제안되었으나 상대국의 사정 때문에 인정을 받지 못했다. 이 AIJ는 말하자면 「시행활동」의 자리매김이라 할 수 있으며 교토메커니즘의 JI, CDM이 본 활동에 해당한다. 또한 AIJ가 JI와 CDM으로 나뉜 것은 「교토의정서」에서 개발도상국에 대해서는 온실효과가스의 저감의무를 규정하지 않고 선진국만이 의무를 지기 때문이다.

예컨대 투자국(일본)의 기업 A가 호스트국인 인도네시아에서 조림 프로젝트를 실시하여 10만 탄소(C) 톤의 CO_2를 흡수할 수 있었다면 10만 탄소 톤 분의 CER이 발행된다. 이 CER이 기업 A와 인도네시아의 사업자 간에서 사전에 정한 비율에 따라 분배되어, 기업 A는 자신의 CER 취득분을 일본의 자사 저감량에 넣을 수 있게 된다.

또한 2001년 10월~11월에 모로코의 마라케쉬에서 개최된 기후변화협약 제7회 당사국 총회(COP7)에서 CDM의 대상사업으로 제1약속기간에 한하여 신규조림, 재조림 프로젝트(CDM 조림 프로젝트, 1-7~2-12 참조)가 인정되었다(제2약속기간 이후의 취급은 미정). 단, 카운트(산입)되는 흡수량에는 일정 상한치가 설정되었다. 상한치는 각 당사국의 기준년 배출량의 1%로 되어 있으며 일본은 334만 탄소 톤/년으로 되어 있다.

1-13 환경세(온난화 대책세, 탄소세)란?

지구환경문제를 해결하기 위해서는 공해대책 등에서 취한 법 규제만이 아니라 자율규제나 경제적 수법 등의 다양한 형태로 대처해나가야 한다. 환경세는 1-9~1-12에서 설명한 교토메커니즘과 더불어 경제적 수법의 대표적인 형태로 자리매김이 되어 있으며, 특히 지구 온난화 방지에 효과적이라는 면에서 온난화 대책세(기후변화세) 또는 탄소세라고 부르기도 한다.

환경경제학자인 植田和弘 교토대학 교수는 환경세에 관하여「경제활동에 따른 환경에 대한 영향을 내부화 하기 위하여 오염배출에 대해 과세하는 것으로서 저감을 촉구하는 세의 총칭」(주1)이라고 정의하고 나서「환경세는 통상의 세와는 반대로 사람들의 행동에 변화를 일으킬 것을 목적으로 하는 세인 것이다」(주2)라고 지적하였다.

일반적으로 세의 목적은 국가나 자치단체의 재정수입을 얻는 데에 있으며 국민생활이나 경제활동에 대한 영향이 적은 편이 바람직하다고 본다. 그러나 환경세의 목적은 다르다. 즉, 새로운 세 부담을 부과함으로써 석유 등 화석연료의 소비가 감소하여 이산화탄소(CO_2) 배출량의 저감을 기대할 수 있다. 단, 이 경우 환경보전(CO_2 배출저감)과 경제성장의 양립을 가능케 하는 세율의 설정이 어려운 문제이다. 예컨대 휘발유 1 리터 당 40~50엔의 환경세를 부과면 CO_2 배출 저감량은 커지지만 경제활동은 정체될 수 밖에 없을 것이다. 한편 4~5엔 정도의 환경세 부과는 경제활동에 대한 영향은 적지만 CO_2 저감효과를 기대할 수는 없다.

이 문제를 해결하기 위하여 두 가지 개념이 제기되고 있다. 그 하나는「이중의 배당」이론으로 환경세에서 얻은 세수의 용도에 따라 경제활동에 미치는 영향을 저감하는 것이다.「세를 부과하여 환경을 개선한다고 하는 "배당"을 얻음과 동시에 거기서 얻게 되는 세수로 고용이나 인센티브를 제공하거나 사회보험료를 낮추어 전체적으로 고용촉진이나 경제활성화에 영향을 끼침으로써 또 하나의 "배당"을 얻는다」(주3)는 개념으로서 환경세를 이용할 수 있다.

다른 하나의 개념은 엠 포터 하버드 대학 교수의 주장으로 환경세는 기술혁신을 가져오는 등 생산향상에도 기여하고 국제경쟁력도 높일 수 있다는 것이다(주4). 이것은「포터의 가설」(주5)이라 불리고 있다.

(주1, 3, 5) 植田和弘 외「환경보전과 경제성장은 양립 가능한가」(加藤武편)『도해 슈퍼세미나 환경학』동양경제신보사, 2001년).

(주2) 植田和弘『환경경제학에의 초대』마루젠(마루젠 라이브러리) 1998년.

(주4) 포터는 기업의 케이스 스터디를 통하여 환경규제가 강화되어 기업이 환경을 배려한 경영을 한다는 것은 일반적으로 말하는 것처럼 비용부담이 늘고 경쟁력이 저하되는 것이 아니고 반대로 적절한 환경규제는 비용절감이나 품질향상에 이어지는 이노베이션(기술혁신)을 자극하기 때문에 타국에 앞서 환경규제를 도입한 나라의 기업은 국제시장에서 타국기업에 비하여 경제우위를 얻는다고 주장하였다. 구체적인 사례로는 미국의 여러 산업 가운데 환경보전에 대한 비용부담이 비교적 높은 화학산업의 국제경쟁력이 강화되었다는 것, 환경규제가 상대적으로 심한 독일과 일본이 미국보다도 생산성 상승이 높아서 국제경쟁력이 높았다(자동차산업 및 반도체산업에서)는 것 등을 들고 있다(중앙환경심의회 종합정책, 지구환경 합동부회 지구온난화대책 전문위원회 제12회 회의 2003년 7월 25일)의 참고자료에서).

1-14 환경세는 도입되는가? ① 해외의 현황

환경세(온난화 대책세, 탄소세)의 도입은 표1-14-1에 나타낸 바와 같이 유럽을 중심으로 앞서나가고 있다.

세의 형태는 탄소함유량을 대상으로 하는 탄소세(CO_2 세)가 많으며 휘발유나 중유 등에 과세하고 있다. 단, 독일은 환경세라고 하는 새로

[표1-14-1] 여러 외국에 있어서의 CO_2 삭감을 위한 세 제도

국 명	세의 개요(도입년도)	세수 액	세수의 용도
핀란드	CO_2세 (1990년) 전력소비세(1997년) (전력용 연료는 CO_2세를 비과세)	CO_2세 약 480억 엔 (2000년도) 전력소비세 약 410억 엔 (1999년도)	일반재원
스웨덴	CO_2세 (1991년) CO_2세를 증세 (2001년 기존의 에너지세를 감세)	약 1,600억 엔	일반재원
노르웨이	CO_2세 (1991년) CO_2세 과세대상을 확장 (1998년 신 그린 세제)	1200억 엔 (2003년도 예상)	일반재원
덴마크	CO_2세 (1992년) 휘발유에 대한 기존 에너지세 도입 등(1998년)	CO_2세 888억 엔	사회보험 고용자 부담 경감 재원, 중소기업 등 에의 환원 등의 재원
네덜란드	일반연료세 (1990년) 에너지 규제세 (1996년)	약 850억 엔 (2002년도 추정치)	일반재원
독일	환경세제 개혁 (전기세 신설, 광유세인상 등, 1998~2003년)	약 2조5,000억 엔 (2004년도 예상)	세수의 90%를 연금보험료의 부담경감, 기타는 온난화대책에 충당
영국	기후변화세 (2001년)	약 1,800억 엔	사회보험 고용자 부담 경감 재원, 에너지효율 대책, 에너지절약 투자

출처: 중앙환경심의회 및 지구환경 합동부회 제1회 환경세의 경제분석 등에 관한 전문위원회 자료를 바탕으로 작성.

운 항목을 설정하지 않고 전기세 신설이나 중유세 인상, 환경에 유해한 조세특별조치의 시정 등을 종합한 환경세제 개혁을 실시하였다. 또한 영국은 기후변화 협정제도를 수반하는 기후변화세를 도입(3-1 참조)하는 등 각국이 독자적인 대책을 강구하고 있다.

이밖에 스위스에서는 2000년에 「CO_2 저감 연방법」이 성립되었고 2005년 3월 23일에는 교통용 연료를 제외한 연료에 대하여 CO_2 세의 도입을 결정하였다. 2006년부터 이산화탄소(CO_2) 1톤 당 35프랑

주요 과세대상	세율 (엔 환산)
휘발유, 디젤, 경유, 항공연료(케로신), 중유, 등유, 석탄, 천연가스(CO_2세), 전기(전력소비세)	휘발유(무연) 5,508엔/kl, 항공연료(케로신), 6,193엔/kl, 경유 6,221엔/kl, 중유 7,399엔/kl, 전기 0..93엔/kWh 등
휘발유, 경유, 중유, 등유, 석탄, 천연가스, LPG 등	휘발유(무연) 13,038엔/kl, 항공연료(케로신) 16,039엔/kl, 경유 16,039엔/kl, 중유 16,979엔/kl, LPG 16,858엔/kl 등
휘발유, 경유, 중유, 등유, 석탄, 천연가스	휘발유(무연) 12,593엔/kl, 디젤·경유 8,451엔/kl, 경유 8,451엔/kl, 중유 8,451엔/kl, 천연가스 12.59엔/m^3,
디젤유, 경유, 항공연료(케로신), 중유, LPG, 등유, 석탄, 천연가스	디젤·경유 4,936엔/kl, 항공연료(케로신), 4,936엔/kl, 경유 4,936엔/kl, 중유 5,850엔/kl, LPG 5,484엔/kl 등
휘발유, 경유, 중유, LPG, 등유, 항공연료(케로신), 석탄, 천연가스	휘발유(무연) 1,621엔/kl, 디젤·경유 1,788엔/kl, 중유 2,087엔/kl, LPG 2,135엔/kl 등
휘발유, 경유, 중유, LPG, 등유, 천연가스, 전기	휘발유(무연) 21,019엔/kl, 디젤·경유 21,019엔/kl, 중유 1,329엔/kl, LPG 4,804엔/kl 등
LPG, 석탄, 천연가스, 전기	LPG 1,904엔/kl, 석탄 2,320엔/t, 천연가스 0.3엔/kWh, 전기 0.85엔/kWh

(약 3,000엔)을 징수하고 있으며 장래에는 휘발유 등의 수송용 연료에 대해서도 과세대상을 확대할 것을 검토하고 있다. 뉴질랜드 정부도 2005년 5월 4일에 탄소세의 제도 안을 공표하고 세율은 CO_2 톤 당 NZ $15(약 1,150엔)으로 설정하고 법제화할 예정이다. 중국도 연료세 도입을 검토 중인 것으로 전해지고 있다.

이와 같은 환경세를 도입하는 경우 가장 문제가 되는 것은 1-13에서 설명한 바와 같이 국가경쟁력이나 경제성장에 대한 악영향이다. 표 1-14-1에 표시된 국가는 여러 가지 완화조치를 취함으로써 이 문제에 대응하고 있다. 가장 많은 것이 에너지 집약형 산업이나 감면조치이며, 영국에서는 정부와 자율협정을 맺은 기업에 대하여 80% 감세하는 등의 인센티브를 부여하고 있다. 많은 국가들은 바이오매스 발전을 과세대상 밖으로 규정하고 있으며 목질연료를 중심으로 하는 청정에너지로의 전환을 추진하고 있다.

세수는 대부분이 일반재원으로 되어 있으며 그 용도는 재생가능 에너지, 에너지절약이나 사회보험, 국민연금보험의 부담경감 등으로 사용된다.

이와 같은 유럽의 사례를 보면 환경세를 도입하기 위해서는 세 단독이 아닌 다른 정책과 결합시켜 장기적으로 CO_2 배출 저감효과가 나올 수 있는 구조형성이 필요하다.

1-15 환경세는 도입되는가? ② 일본의 현황

일본에서도 환경세의 도입이 검토되고 있으나 경제계의 반대가 있어서 아직은 실현되지 않고 있다.

최근의 검토상황은 표1-15-1에 나타난 바와 같으며 중앙환경심의회(중환심)와 정부세제조사회(정부세조) 및 여당(자민당·공명당)의 세제조사회(당세조)가 중심이 되어 논의가 진행 중에 있다.

[표1-15-1] 환경세 도입검토에 관한 논의의 주된 경위

2003년 8월 29일	중앙환경심의회 지구온난화대책 세제전문위원회 「온난화대책 세제의 구체적인 제도 안-국민에 의한 검토·논의를 위한 제안-」을 보고
12월 2일	중앙환경심의회 시책종합기획 소위원회에서 검토 개시
2004년 8월 13일	중앙환경심의회 지구환경부회 「지구온난화대책 추진계획의 평가·재평가에 관한 중간정리결과」 공표
8월 27일	중앙환경심의회 시책종합기획 소위원회 「온난화대책 세제와 이에 관련된 시책에 관한 중간정리결과」 공표
8월 31일	환경성·농림수산성 2005년도 세제개정 요구를 제출
11월 5일	환경성 「환경세 구체안」 (표1-15-2)을 발표
11월 25일	정부·세제조사회 「2005년도의 세제개정에 관한 답신」
12월 15일	자유민주당·공명당 「2005년도 세제개정 계획」 결정·공표
12월 27일	중앙환경심의회 시책종합기획 소위원회 「온난화대책 세제와 이에 관련된 시책에 관한 논점 정리결과」 공표
2005년 3월 11일	중앙환경심의회 「지구온난화대책 추진계획의 평가·재평가에 입각한 새로운 지구온난화대책의 방향성에 대하여 (제2차 답신)」 공표
4월 28일	교토의정서 목표달성 계획 (각의 결정)

출처: 중앙환경심의회 종합정책·지구환경 합동부회 제1회 환경세의 경제분석 등에 관한 전문위원회 자료를 바탕으로 작성

2004년 8월 31일에는 환경성과 농림수산성이 공동으로 2005년도 세제개정안을 요망을 통해 「지구 온난화 대책을 추진하기 위하여 환경세(가칭)의 창설 등 필요한 세제 상의 조치를 강구할 것」을 요구하였다. 같은해 11월 5일에는 환경성이 세율을 탄소 톤 당 2,400엔(휘발유 1리터 당 1.5엔에 해당)으로 설정하고 세수(4,900억 엔)를 농림정비 등 온난화 대책이나 고용촉진 등에 충당할 환경세의 구체안(표1-15-2)을 공표하였다. 이에 대하여 자민당과 공명당이 세율을 탄소 톤 당 3,000엔(휘발유 1리터 당 1.9엔)으로 하는 독자 안을 제출한 것 외에 경제계를 중심으로 한 환경세 도입 반대운동이 전개되는 등 격렬한 논의가 전개되었다.

[표1-15-2] 환경성이 정리한 환경세의 구체안 (골자)

취지	기업, 가정 등 모든 주체에 대하여 배출량에 따라 지구 온난화 대책에 공평하게 참여하도록 요구한다. 고용촉진 등 기업활력의 유지·향상에 이바지한다.
과세대상	모든 화석연료와 전기
과세단계	정유소에서의 출고단계 : 휘발유, 경유, 등유, LPG 최종소비단계 : 석탄, 중유, 천연가스, 도시가스, 전기, 제트연료
세율	2,400엔/탄소 톤(전기 0.25엔/kWh, 휘발유 1.5엔/리터 등, 평균적 가계부담 : 3,000엔(월액 : 250엔))
세수액	4,900억 엔
경감조치	철강 등의 제조용 석탄, 코크스, 농림어업용의 A중유 등은 면세. 에너지 다소비형 제조업에 속하는 기업이 소비하는 석탄, 중유, 천연가스, 전기, 도시가스에 대하여 경감. 전기, 도시가스에 대하여 면세점 등을 설정 등
용도	기업, 가정 등의 온난화대책에 3,400억 엔(임업대책 등 포함) 고용촉진 등, 기업활력의 유지·향상에 1,500억 엔
실시시기	2006년 1월
효과	CO_2 저감량 5,200만 톤(기준년 대비 약 4% 강)

출처: 중앙환경심의회 종합정책·지구환경 합동부회 제1회 환경세의 경제분석 등에 관한 전문위원회 자료를 바탕으로 작성

결국 2004년 11월 25일에 정부 세제조사회가 고이즈미 수상에게 제출한 2005년도 세제개정안에 관한 답신에서는 「환경세에 관한 많은 논점을 가능한 한 조속히 검토하여야 한다」고 정리하고, 12월 25일에 결정한 여당의 세제개정계획에서도 환경세에 대하여 「필요에 따라 이상적인 형태에 대하여 조속히 검토한다」고 하는 등 환경세 도입문제에 대해 계속적인 검토가 필요하다.

그 후 정부가 다음해 2005년 4월 28일에 각의 결정한 「교토의정서 목표달성계획」에서는 환경세에 대하여 국민경제나 산업이 국제협력에 미치는 영향, 여러 나라에 있어서의 추진상황 등에 입각하여 「진지하고 종합적인 검토를 펴나가야 할 과제」로 정리하였다.

또한 임야청(한국의 산림청)은 「지구 온난화 방지 흡수원 대책의 추진을 위한 국민지원에 관한 연구회」를 2003년 4월에 설치하고 같은해 7월에 중간보고를 하여 환경세(온난화 대책세)가 도입될 경우 그 세수 사용용도에 삼림정비 등의 흡수원(싱크) 대책을 넣을 것을 요구하였다.

한편 지방정부에서는 지구 온난화 방지와 삼림의 정비·보전을 위한 독자과세에 대한 검토가 추진되고 있다. 2000년 4월의 지방세법 개정에서 법정 외 목적세 제도가 창설된 적이 있어 독자과세의 움직임이 확대되고 있다.

대표적인 사례로는 고치현(高知懸)이 2003년도부터 도입한 「삼림환경세」이며, 다음해 2004년도 부터는 오카야마현(岡山懸)이 「오카야마 숲 조성 도민세」를 실시하였다.

이어서 돗토리현(鳥取懸) 등 5개 현이 2005년도부터 삼림정비에 관한 독자과세 제도를 도입하였고 후쿠오카현(福岡懸) 등 4개 현도 2006

년도부터 도입하기로 의결되었다. 나아가 27개 도현(道懸)이 독자과세 검토에 착수한 상태로서 삼림정비에 관한 독자과세를 추진하고 있는 곳은 합계 39개 지방자치단체에 이르고 있다(표1-15-3).

지방자치단체에서 검토할 때에는 지구 온난화 방지와 함께 수질원 또는 수원림(水原林) 보전이 세의 목적으로 중요시되고 있다는 점에 주의할 필요가 있다.

[표1-15-3] 지방정부에서의 삼림 환경세 등의 도입상황

(2005년 4월 1일 현재)

구분	지방정부	세의 명칭	도입시기
도입완료 (8개현)	고치현	삼림환경세	2003년 4월
	오카야마현	오카야마 숲 만들기 도민세	2004년 4월
	돗토리현	삼림환경 보전세	2005년 4월
	시마네현	시마네현 물과 녹색 숲 만들기 세	2005년 4월
	에히메현	삼림환경세	2005년 4월
	야마구치현	야마구치 삼림 만들기 도민세	2005년 4월
	구마모토현	물과 녹색의 숲 만들기 세	2005년 4월
	가고시마현	삼림환경세	2005년 4월
2006년도 도입예정(4개현)	후쿠시마현	삼림환경세	2006년 4월
	나라현	삼림환경세	2006년 4월
	효고현	도민 녹색세	2006년 4월
	오이타현	삼림환경세	2006년 4월
도입검토 (27개현)	중홋카이도, 아오모리현, 이와테현, 이바라기현, 도치기현, 사이타마현, 지바현, 도쿄도, 가나가와현, 니이가타현, 도야마현, 이시카와현, 후쿠이현, 야마나시현, 기후현, 시즈오카현, 나가노현, 아이치현, 미에현, 시가현, 와카야마현, 도쿠시마현, 가가와현, 후쿠시마현, 사가현, 나가사키현, 미야자키현		

출처: 임야청 업무자료

1-16 목질 바이오매스란?

지구 온난화 방지에 있어서 목질 바이오매스의 이용추진이 중요한 과제로 되고 있다.

일본 정부는 2002년 12월에 각의 결정한 「바이오매스 일본 종합전략」 가운데 바이오매스란 생물자원(양)을 나타내는 개념이며 「재생 가능한 생물유래의 유기성 자원으로서 화석자원을 제외한 것」이라고 정의하였다. 또한 바이오매스 연구자인 가타니(木谷收) 일본대 교수는 「바이오매스란 본래는 생태학의 용어이며 어떤 장소와 시간에서의 광합성산물과 그 유도체를 포함하는 총량을 가리킨다」(주1)고 말하고, 「인간이 자원으로 활용할 때 생산, 교환, 이용, 폐기의 과정을 거치게 되어있다」고 하였다(주2). 따라서 바이오매스란 태양에너지로 인하여 광합성된 생물자원의 총칭이라 할 수 있다.

앞서 말한 「종합전략」은 이 바이오매스를 폐기물계 자원, 미 이용자원, 자원작물의 3개 분야로 크게 구분하고 농림수산물, 볏짚, 왕겨, 식품폐기물, 가축배설물, 톱밥 등을 에너지나 신소재로 이용할 수 있다고 말한다. 이 가운데 목질 바이오매스로 분류되어 있는 것은 제재공장 등의 잔재, 임지 잔재(간벌재 포함) 및 건설발생 목재이며 그것들의 연간 발생량과 활용 현황은 표1-16-1과 같다. 이밖에도 폐지(연간 약 1,400만 톤), 흑액(연간 약 1,400만 톤) 등 삼림자원 유래의 바이오매스가 있다.

[표1-16-1] 목질 바이오매스의 종류와 활용상황

대상 바이오매스	연간 발생량	활용 상황
제재(製材)공장 잔재	약 610만 톤	에너지·퇴비이용 약 90%
임지(林地) 잔재	약 390만 톤	거의 이용 안함
건설발생 목재	약 480만 톤	제지원료, 보드원료, 축사 바닥 등에 이용 약 30%

출처: 바이오매스 일본 종합전략에 관하여, 농림수산성

이미 목질 바이오매스의 이용추진을 목표로 전국 각지에서 다양한 프로젝트가 생성되고 있다(표-1-16-2). 그 중에도 집중되고 있는 것이 목질 바이오매스로부터 전기나 열, 액체연료를 얻는 에너지 이용이다. 정부의 「교토의정서 목표달성 계획」에서는 「태양광이나 풍력 바이오매스 등을 활용한 신 에너지는 지구 온난화 대책에 크게 공헌하는 동시에 에너지

[표1-16-2] 목질 바이오매스 에너지 이용의 주요 사례

이와테현	현과 민간기업 등이 「아와테형 펠릿 난로」를 개발한 것 외에 칩 보일러의 도입 등을 추진. 현 내의 가쓰마기(葛巻) 임업(주)가 목질 펠릿을 안정공급.
아키다현	노시로(能代) 삼림자원이용협동조합이 목질 바이오매스 발전시설을 정비. 발전 외에 목재 건조용 에너지로 증기를 이용.
사이타마현	니시가와(西川) 지역에서 펠릿 제조, 난로, 보일러 도입.
나가노현	가미이나(上移奈) 지역에서 펠릿 제조, 초등학교 등에 난로 도입.
시가현	신아사히초(新旭町)가 바이오매스 지역 열 공급 시스템을 정비.
기후현	시라카와초(白川町)에 목질 바이오매스 에너지 플랜트를 건설.
오사카부	오사카부 삼림조합 미시마(三島) 지점에 펠릿 제조시설 정비.
효고현	이치노미야초(一宮町)가 소형 바이오매스 가스발전을 도입.
시마네현	사쿠라에초(櫻江町)의 교류센터에 열 공급 칩 보일러를 정비.
오카야마현	지저깨비를 원료로 쓰는 메이켄(銘建) 공업의 바이오매스 발전시설이 1998년부터 가동 중. 발전출력 1950kWh.
히로시마현	주고쿠(中國) 목재가 목재 건조용 에너지(보일러), 자가발전을 실시.
야마구치현	우베(宇部)흥산이 화력발전에서 석탄과 목질 바이오매스를 혼소.
고치현	현과 가와자키 중공업이 연계하여 소규모 가스화 발전설비 개발에 착수.
오이타현	태평양시멘트 쓰쿠미(津久見) 공장이 칩을 석탄 대체연료로 사용.

자급률 향상에 이바지하기 때문에 그 도입을 촉진한다」고 되어 있고 「종합전략」에서도 「목질계 폐 자재·미 이용 자재에 대하여 가정이나 공공시설 등에서의 에너지이용을 추진한다」고 하는 목표를 내걸고 있다.

스웨덴에서는 총 에너지에서 차지하는 목질 바이오매스의 비율이 20%에 이르고 있어 에너지 구성 가운데에서 불가결한 존재가 되고 있다. 그 이유는 첫째로 정부가 에너지정책에서 자급률 향상책을 씀으로써 목질 바이오매스가 중요시되었다는 것, 둘째로 탄소세 때문에 목질 바이오스발전이 과세대상 밖이라는 것(1-14 참조) 등이 있으며, 이에 기술개발 등이 가세하여 보급이 진전되었다.

순풍으로 기대되는 RPS 방식

「전기사업자가 시행하는 신 에너지 등의 이용에 관한 특별조치법」 (통칭 RPS법)이 2003년 4월에 전면 시행되었다. RPS법은 전력회사에 대하여 판매전력의 일정량을 풍력, 태양광 등의 신 에너지로 조달할 것을 의무화하고 있다. 바이오매스 발전으로 생산되는 전기도 그 대상으로 되어 있으며. 목질 바이오매스 에너지의 보급에 있어서는 순풍으로 작용할 것으로 기대하고 있다. 전국 유수의 집성재 메이커인 메이켄(銘建)공업(오카야마현)의 바이오매스 발전설비가 목질 바이오매스 분야의 제1호 인정시설로 되어있으며 이것을 선두로 아키다현 노시로시의 목질 바이오매스 발전설비 등도 인정을 취득하였다.

RPS법의 제정에 따라 경제산업성은 발전 전력량에서 차지하는 신 에너지의 비율을 현재의 0.3%에서 10년 후에는 1.35%로 늘리겠다는 목표를 세웠다. 자사에서 신 에너지를 조달하지 못하는 전력회사는 이 의무량을 달성하기 위하여 타사로부터 구입하도록 요구를 받게 된다. 그러나 현 시점에서는 신 에너지의 발전 비용은 화력발전에 비하여 월등히 높을 것으로 보인다. 1kW 당의 발전 비용은 태양광이 46~66엔, 풍력이 9~14엔, 바이오매스가 7~21엔, 이에 대하여 화력발전은 7엔 이다 ("아사히신문" 2003년 4월 2일부).

이 비용·비교나 연료의 잠재 공급력으로 보아 목질 바이오매스 발전은 RPS법 대책으로서 전력회사의 주목을 끌 것으로 보인다.

향후의 과제는 전력회사의 구입가격과 발전비용과의 차이를 어떻게 메울 것인가 하는 문제이다. 목질 바이오매스 발전의 연구를 하고 있는 구마자키 미노루 학장(熊崎: 기후현립 삼림 아카데미)의 조사와 계산에 따르면 임지 잔재, 미 이용제·간벌재, 임도까지의 운반, 적재, 파쇄의 비용은 약 6,500엔/톤이 소요되고(주) 현재의 발전시설 건설비까지 종합적으로 생각한다면 비용 경쟁력은 약하다. 한편 발전플랜트 사업자가 중간처리시설의 허가를 취득한 경우에는 폐기물 처리업자 등으로부터 목질계 건설 폐자재를 처리비용 포함(소위 "역 유상")하여 수집할 수 있으나, 그래도 바이오매스 발전플랜트 건설비에 방대한 자금이 소요되기 때문에 화력발전 등에 비하여 비용은 높아진다. 따라서 현 시점에는 정책적인 지원과 보다 향상된 기술개발이 없으면 사업화 과정에서의 장벽은 높다.

(주) 임업재건과 바이오매스 에너지, 제22회 「숲과 마을의 모임」 자료 2003년 3월 13일.

일본에서도 온난화 방지 대책만이 아니고 폐기물과 환경대책(주3) 등의 관점에서도 목질 바이오매스 에너지 보급의 기회가 무르익어가고 있다. 단, 실용화까지는 아직 장벽이 있다.

이제부터 각 부처 횡단적인 정책면에서의 지원이나 보다 발전된 기술개발 등이 필요하다는 것은 말할 나위도 없지만 특히 목질 바이오매스의 특성에 입각한 형태가 필요하게 된다. 우선 원재료로서의 특성면에서 살펴보면 미 이용자원으로서의 임지 잔재와 폐기물 자원으로서의 제재공장 등의 잔재, 건설발생 목재로 크게 두 분류하여 집하 시스템, 비용, 용도 등의 대응방법을 생각해 나가야 한다. 또한 지역적 특성으로는 임지 잔재의 발생율이 농·산촌 등의 지역밀착형의 대책이 필요한데 비해 제재공장 등 잔재, 건설발생 목재는 임지 잔재에 비교해 넓은 지역을 대상으로 하는 도시형의 대책이 필요하다는 것에도 유의할 필요가 있다.

또한 바이오매스 에너지의 이용방법은 직접연소, 열화학적 변환, 생물화학적 변환, 기타 변환으로 구별되며, 목질 바이오매스를 칩이나 펠릿 등으로 만들어 직접연소 하는가 또는 가스화나 액화 등의 열화학적 변환을 하는가에 따라 플랜트의 규모나 투자금액도 달라진다. 따라서 목질 바이오매스 에너지의 이용과 보급을 추진하기 위해서는 ① 원료의 특징, ② 지역특성, ③ 변환기술, ④ 이용방법의 가장 적합한 결합을 추구할 필요가 있다.

(주1) 「바이오매스 종합평가의 현상과 향후」 2003년도 일본학술회의 목재학 연구연락위원회 심포지엄 「바이오매스의 종합평가와 장래」 2003년 5월 24일, 자료.

(주2) 기다니 오사무(木谷收) 교수는 인간이 이용하는 바이오매스를 재배 내지는 자생하고 있는 원 바이오매스(virgin biomass)와 주목적에서 이탈하여 부산물로서 또는 폐기물로 취급되는 폐기 바이오매스(waste biomass)로 나누어진다고 말한다. 이를 목질 바이오매스에 적용하면 임지 잔재는 원 바이오매스, 제재공장 등 잔재와 건설발생 목재는 폐기 바이오매스인 셈이다.

(주3) 2002년 12월에 다이옥신 대책으로 소각시설에 관한 규제가 강화되는 등 목재업계는 제재잔재 등의 처리에 대응이 요구되고 있다.

지역에 밀착한 구즈마키마(葛巻)마을과 가미이시즈(上石津)마을의 도전

바이오매스 에너지 활용이라고 하면 자칫 대규모 발전 프로젝트 등에 주목이 집중되기 쉽지만 이와테현(岩手縣) 구즈마키마을과 기후현(岐阜縣) 가미이시즈마을에서는 소규모지만 지역에 뿌리내린 활동이 추진되고 있다. 목질 바이오매스를 활용해나가는 데 있어서 많은 것을 시사하는 사례이기에 그 개요를 소개하고자 한다.

구즈마키마을은 이와테현 북부의 고원에 자리하여 「우유와 와인과 청정에너지의 고장」을 캐치프레이즈로 내걸고 온 고장이 나서서 청정에너지를 도입하고 있다. 그 하나로 목질 바이오매스 에너지가 있으며 특히 목질 펠릿의 이용에는 선구적인 활동을 펴오고 있다.

이 구즈마키마을 내에는 수피(Bark)를 원료로 하여 목질 펠릿을 생산하고 있는 가쓰마키 임업(주)이 있으며 이 공장에서 공급되는 펠릿(2002년에는 연간 약 1,000톤을 생산)을 공공시설의 난로 또는 보일러의 열원으로 사용하고 있다. 난로에는 이와테현이 현 공업기술센터와 민간기업이 공동으로 개발한 「이와테형 펠릿 난로」 등의 국산제품을 도입하고 있다. 또한 보일러 구입에는 신 에너지·산업기술종합개발기구(NEDO)의 보조금을 활용하는 등 국가와 현의 지원책을 잘 활용하고 있다. 참고로 가쓰마키 임업(주)의 펠릿 판매가격은 15kg에 375엔(25엔/kg)이다.

이와테현에는 NGO인 「이와테 목질 바이오매스 연구회」 (金澤滋 회장)가 있어서 목질 바이오매스 에너지의 보급 등에 큰 역할을 하고 있다. 이 연구회는 산학관의 전문가들로 구성되어 구즈마키마치의 활동에 대해서도 열심히 지원하고 있으며 지역차원 온난화 대책 추진에 중추역할을 하고 있다.

한편 동산(里山)의 생태학 연구로 잘 알려져 있는 다바타 히데오(田端英雄) 교수(기후 현립 삼림문화 아카데미)가 지도하고 있는 가미이시즈마을의 바이오매스 에너지 이용은 신탄림의 전통적인 이용방식을 채택하여 섶나무 베기를 현대적인 바이오매스 생산으로 다루는 등 독특한 형태로 추진하고 있다.

가미이시즈마을은 21세기의 목표를 「다 자원 거주지역 창조」로 정하고 이 가운데에서 지역 분산형의 신 에너지 도입을 내걸어 목질 바이오매스, 풍력, 수력의 활용을 검토하고 있다. 그 과정에서 가미이시즈마을과 다바타 교수의 뜻이 맞아 동산(里山) 을 재생 가능한 목질 바이오매스 에너지 자원으로 활용하는 기법에 대하여 검토하게 되었다. 이를 받아들여 다바타 교수를 리더로 하는 기후 현립 삼림문화 아카데미의 동산(里山)연구회는 2003년 3월에 「가미이시즈마을 목질 바이오매스 도입 기초조사 보고서」(주1)를 만들어 구체적인 계획을 제안하였다.

주요 내용은 뒷산에 새싹이 트는 동산(里山) 숲의 바이오매스를 원료로 하여 가미이시즈마을이 소규모 펠릿 제조 실증 플랜트를 「건설」하고, 공공시설이나 가정의 펠릿 보일러나 난로에 펠릿을 연료로 보급하겠다는 것이다(주2).

이 구상을 실행하기 위해서는 마을 사람들이 "가미이시즈마을의 보물인 「동산(里山)」"을 어떻게 되살릴 것인가를 생각하여 그 활용방안을 이해하는 것이 중요하다. 따라서 현존하는 「가미이시즈 동산(里山)대학」을 주민과 가미이시즈 초 사무소가 보다 다각적으로 운영하여 동산 바이오매스 에너지 보급의 중추적 역할을 다해야 한다고 보고서는 지적하였다. 동산(里山)연구회는 NGO적인 입장에서 이 「가미이시즈 동산(里山)대학」의 운영을 지원해나갈 방침을 취하고 있다.

구즈마키마을의 목질 펠릿의 실용화에서 이와테(岩手) 목질 바이오매스 연구회가 강력한 후원자 역할을 하고 있는 것과 마찬가지로 기후현립 삼림문화 아카데미의 동산(里山)연구회가 「동산(里山) 펠릿」의 보급으로 주민들의 좋은 파트너가 되어 활약할 것을 기대하고 있다.

(주1) 가미이시즈마을 목질 바이오매스 도입 기초조사보고서 田端英雄 외 기후현립 삼림문화 아카데미 2003년 3월.

(주2) 보고서는 동산 갈참나무숲의 바이오매스 양을 조사하여 38년 생이 151.5 t/ha (건량)인 것으로 보고, 열전공급 시스템 및 펠릿 제조 등을 비교한 결과 펠릿 제조를 제언하였다. 성공하기 위한 과제로는 바이오매스 이용을 위한 동산의 확보, 벌채·반출사업자의 사업성, 실증플랜트 수탁업자의 학보 등을 들고 있다. 또한 바이오매스 이용의 새로운 개념으로 환경세나 배출량 거래의 활용 등에 대해서도 언급하고 있다.

1-17 탄소권이란?

1-3 및 1-5에서 설명한 바와 같이 교토의정서는 삼림에 의한 이산화탄소(CO_2) 흡수량은 한정적이기는 하지만 자국의 온실효과가스 저감목표에 편입하는 것을 인정하였다. 이에 문제가 되는 것이 삼림, 특히 개인소유의 민간림에서 흡수한 CO_2는 누구의 것인가 하는 탄소의 소유권 문제이다. 일본에서 이 문제를 처음 구체적으로 제기한 것은 홋카이도의 시모가와(下川町)마을이었다. 2002년 8월에 시모가와마을은 자체 소유림에서 흡수하는 CO_2를 해외 배출권 시장에서의 매각할 가능성을 검토 중이라고 보도하여 관계자의 주목을 끌었다. 단 일본에서는 삼림이 흡수하는 CO_2의 소유권 문제에 관한 법제적인 논의나 제도면의 검토가 불충분한 상태이기에 시모가와마을의 자세에 대해서는 찬반의견이 혼재하는 상황이다.

한편 해외, 특히 오스트레일리아에서는 삼림이 흡수한 CO_2를 「탄소권」을 삼림소유자의 것으로 인정하고 이 「탄소권」을 배출권거래(ET)의 대상으로 하려는 움직임을 보이고 있다(3-5 참조). 또한 오스트레일리아의 이웃 나라인 뉴질랜드에서는 국내삼림의 CO_2 흡수량의 일부를 제외하고는 일단 국가의 소유로 하여 이것을 국가가 해외의 배출권 시장에서 매각하여 얻은 수익을 국내의 조림자금 등에 충당할 것을 검토하고 있다. 이와 같이 개인인 삼림소유자에게 「탄소권」을 인정할 것인지의 여부는 국가에 따라 판단을 달리하는 어려운 문제이지만, 언젠가는 일본도 어떤 구체적인 대응책을 보여야 할 것이다.

다음에는 오스트레일리아에서 「탄소권」이 어떻게 자리매김 되어있는지를 소개하고자 한다.

오스트레일리아는 미국과 함께 교토의정서에 비준하지 않고 있지만 주 차원에서 온난화 대책이 적극적으로 추진되고있다. 특히 삼림을 통한 CO_2 흡수(싱크)를 중요시하고 있으며 각 주에서 적극적으로 대응하고 있다. 그 가운데 가장 선진적인 곳이 삼림의 CO_2 흡수량을 법적으로 인정하는 「탄소권」으로서 이미 빅토리아주, 뉴사우스웨일즈주에서 법제화가 완료되었다. 또한 서오스트레일리아 주, 남오스트레일리아주, 퀸즈랜드주에서도 「탄소권」을 법제화하는 작업이 진행되고 있으며 오스트레일리아의 총 7개 주 가운데 5개 주에서 「탄소권」을 인정하고 있다. 한편 연방정부에는 「탄소권」 또는 유사한 종류의 법제화 움직임은 없고 주정부의 재량권에 위임하고 있는 상황이다. 단 연방정부로서도 주별로 법제화되는 「탄소권」을 향후 조정할 필요가 있다는 것은 인식하고 있으며 5개 주의 대표가 모여 실무 그룹을 설치하여 검토를 진행하고 있다.

탄소권을 법적으로 자리매김한 구체적인 예로서 빅토리아주에서의 규정을 살펴보고자 한다. 빅토리아주의 탄소권은 「carbon sequestration right」 또는 「carbon right」라 일컬으며 삼림재산권법 「Forestry Right Act 1996」에 나타나있다. 이 법률은 1996년에 입법화되어 2001년 5월의 개정에서 「탄소의 권리」가 분명하게 자리매김 되었다. 기본적으로는 산림재산(입목권 등의 모상(毛上)의 권리(주1))의 소유자에게 탄소의 권리가 부수되는 것, 동일한 산림재산의 소유자가 권리 수수(授受)에 관하여 계약을 설정하는 것 등을 인정하고 있다.

시모가와마을 소유림의 CO_2 매각구상에 대한 견해

홋카이도의 시모가와마을이 자체 소유림의 CO_2 흡수 분을 해외 배출권 시장에서 판매할 것을 검토 중이라고 보도한 것은 2002년 8월 24일부 "일본경제신문" 이었으며 이 기사 가운데에서도 찬반 양론이 나와 있었다. 요코야마 아키라(横山彰) 주오대학 교수는 「각국 정부 간에 이 제도가 확립되면 일본의 자치단체가 스스로 경영하는 삼림의 CO_2 흡수량을 해외의 배출권 시장에서 판매하는 것은 불가능한 일이 아니다」라고 말했다. 한편 공유림(자치단체)이나 사유림(개인이나 기업)에 대해서는 국가로부터의 각종 보조금이 나오고 있기 때문에 CO_2의 소유권은 삼림소유자가 아니라 국가에게 있다고 하는 의견도 소개되고 있었으나, 교토대학의 우에다 가즈히로(植田和弘) 교수(환경경제학)는 역시 『일본경제신문』의 기사에서 「재정론적으로 문제가 있다」고 하면서, 예컨대 국고보조로 세운 공공시설도 소유권은 자치단체에게 있으며 그로부터 파생하는 편익은 모두 자치단체가 갖고 국가와 자치단체 사이에서 분할하여 생각하지는 않는다. 그러므로 삼림을 그 예외로 하는 것에는 합리성이 없다고 하는 견해를 제시하였다.

이 『일본경제신문』의 기사는 삼림의 CO_2 흡수라고 하는 새로운 서비스를 「새로운 공공재」로서 자리매김하였다. 환경권과 소유권, 공익권과 사권의 문제는 잘 검토해야 하지만 삼림이 흡수한 CO_2 소유권은 삼림소유자에게 귀속하여야 하며 배출권거래(ET)의 대상으로 하는 것이 교토메커니즘의 취지에도 맞는 것으로 생각된다.

한편 2003년 4월 3일자 『아사히신문』지 상에서 「삼림을 즐기는 모임」의 대표 아시모토 유코(足下裕子)씨는 시모가와마을의 계획에 관하여 「삼림의 CO_2 흡수량을 돈으로 환산하여 매매하는 것에는 위화감이 있다. 삼림의 공익성을 부르짖는 마당에 좀더 잘 설명해주지 않으면 납득할 수가 없다는 것이 솔직한 의견이다」하고 말했다. 국민 가운데에는 이렇게 생각하는 사람도 많을 것이기 때문에 널리 임업관계자 이외에 대해서도 이해할 수 있는 방법으로 자치단체나 개인, 기업의 삼림이 흡수하는 CO_2의 소유권 문제에 관하여 검토해나갈 필요가 있다.

표1-17-1에 표시한 바와 같이 삼림재산권법 제3조의 정의에 따르면 탄소권(carbon sequestration right)이란 「수목의 흡수에 따라 상업적으로 얻게 되는 탄소에 부여되는 권리를 말한다」(필자 역: 이하 같다)(주2)라고 되어 있으며, 동 법 제12조(탄소권의 계약, carbon right agreements)의 (1)항에 따르면 산림재산 소유자(삼림소유자)는 그 삼림소유자의 탄소권(carbon sequestration right)을 타인에게 양도하는 계약을 체결할 수가 있다. 또한 동 조 (2)항에서는 탄소권 계약서에 포함시켜야 할 내용에 관하여 계약은 문서에 의거할 것, 계약당사자, 계약의 대상이 되는 토지, 계약의 의무와 권리, 계약일, 계약종료일을 명기할 것이 규정되어 있다.

이 빅토리아주 삼림재산권법이 뜻하는 중요성은 다음과 같이 지적되어 있다. 「삼림재산권법이라는 모습으로 재산권의 한 형태로서 탄소권의 소재가 분명해졌다는 점에서 이로 인하여 탄소권 시장 가운데에 삼림을 끼워넣을 조건이 갖추어졌다고 하는 점일 것이다. 이와 같은 법제도가 삼림의 탄소권거래(배출권거래)에 길을 여는 첫걸음이라고 하는 의미에서 주목하고자 한다」(주3)

빅토리아주 정부는 주 내의 삼림 경영에 대한 적극적인 투자를 권유하기 위하여 홈페이지 상에 삼림소유권과 탄소권(Forestry Right and carbon sequestration right)에 관한 환경보호 장관의 메시지를 싣고, 탄소권을 인정하는 것은 빅토리아주에의 삼림투자에 관한 새로운 인센티브가 되고 있음을 강조하는 등 탄소권을 인정하고 삼림에 대한 투자를 당부하고 있다(그림1-17-1).(주4)

[표1-17-1] 빅토리아주 삼림재산권법 (발췌)

Version No. 003

Forestry Rights Act 1996

Act No.29 ／ 1996

Version incorporating amendments as at 9 May 2001

3. Definitions

(1) In this Act—

"carbon rights agreement"means an agreement entered into under section 12;

"cabon sequestration right"means a right to commercially exploit carbon sequestered by trees ;

12. Carbon rights agreements

(1) A forest property owner may enter into an agreement with a person to grant the forest property owner's carbon sequestration right to that person.

(2) A caborn rights agreement must—

(a) be in writing ; and

(b) specify the following—

(i) the parties to the agreement ; and

(ii) the land to which the agreement applies ; and

(iii) the rights and duties of the parties to the agreement ; and

(iv) the date or circumstances under which the agreement terminates.

(c) A carbon rights agreement may specify any other matters consistent with the matters set out in subsection (2) to which the parties agree.

일본에서도 앞으로 「탄소권」에 관한 논의가 활발해질 것이다. 그때에는 ① 오스트레일리아처럼 「탄소권」 또는 그런 종류의 권리를 법적으로 확립할 것인가, ② 교토메커니즘의 국내제도 설계상 배출권거래(ET)의 대상에 삼림이 흡수한 CO_2를 포함시킬 것인가, ①, ②를 인정하는 경우에는 자치단체의 공유림, 개인기업의 사유림이 흡수한 CO_2

[그림 1-17-1] 빅토리아주의 홈페이지

Agriculture & Food

Forestry Rights and Carbon Sequestration Rights - Minister's Foreword

Forestry Rights provide an important opportunity for many landholders and investors to be involved in expanding private forestry in Victoria. Forestry Rights can also be a major contributor towards environmental benefits creating a 'win-win' for all Victorians.

Climate change, or the Greenhouse Effect, is one of the most significant global environmental challenges confronting the world today. It is a complex issue, which does not lend itself to simple solutions. One means of combating the issue of climate change is to encourage tree planting which increases the amount of carbon dioxide absorbed from the atmosphere, compared to other forms of land use.

In May 2001, the Bracks' Labour Government enacted carbon property rights legislation to encourage investment in planting new forests as carbon 'sinks'. This legislation provides added incentive for further investment in new commercial timber plantings and will further boost Victoria's plantation estate. The legislation also supports investment in environmental plantings for many other benefits including habitat expansion, salinity mitigation and land protection.

I commend this ground breaking legislation to all those committed to a brighter environmental future, assisted by a clear commercial opportunity.

SHERRYL GARBUTT MP, Minister for Environment and Conservation

Private Forestry home

의 소유권은 어디에 귀속되는가? 등의 여러 점들을 국내 온난화 대책 전체(예컨대 환경세나 배출량 할당 등)와 관련지어 검토하여야 할 것이다. 이 경우 1-5에서 설명한 바와 같이 일본은 온난화 대책에서 삼림의 CO_2 흡수에 의존하는 비율이 다른 나라보다 높기 때문에 민간에 대한 삼림정비가 추진되면 인센티브를 받을 수 있는 구조를 만들어야 할 것이다(3-10 참조).

(주1) 모상(毛上)이란, 사전에서는 「지반 상의 천산물(天産物)과 지반을 구별하여 일컫는 말. 산림이나 초원에서의 수목이나 땔 나무, 목초, 논밭에서의 작물종류」로 되어있다. 또한 『법률학소사전』에는 모상(毛上)이란 「토지의 지반 상의 천연물을 지반과는 구별하여 일컫는 말. (예:산림초원의 초목). 일반적으로 지반과 동일한 법률적 처리에 따른다.」라고 되어 있다. 또한 민법 제242조(부동산의 부합)에서는 「부동산의 소유자는 그 부동산에 종속하여 부합한 물건의 소유권을 취득한다. 단, 권원(權原)에 의거하여 그것을 부속케 한 타인의 권리를 방해하지 못한다.」고 되어있다 (조문은 "주리스트" 1283호 별책 부록에 따름).

(주2) 「carbon sequestration right」는 「수목의 흡수로 인하여 얻게 되는 탄소를 상업적으로 이용하는 권리」라고 번역할 수도 있다.

(주3) 일본제지연합회 「JI·CDM 식림 크레디트 기술지침조사 2002년도 사업보고서」 2003년 3월

(주4) http://www.dse.vic.gov.au/dpi/nrenfa.nsf/

2

활용편

앞으로 지구 온난화 대책을 효과적으로 실행해 나가기 위해서는 교토의정서의 결정사항에 대한 이해가 필요하다. 2001년에 개최된 기후변화협약 제7회 당사국 총회(COP7)에서 교토의정서의 운용 규칙이 결정되었으며 그 내용은 복잡하고 난해한 점이 많다.

따라서 이 장에서는 교토의정서의 운용 규칙에 관하여 삼림 비즈니스를 추진하는 관점에서 해설해 나가고자 한다. 특히 흡수원 CDM(CDM 조림) 프로젝트에 관해서는 2003년 12월에 개최된 COP9에서 구체적인 규칙이 결정(소규모 CDM 조림의 상세 규칙은 2004년 12월의 COP10에서 결정)되었기 때문에 그 내용과 현 단계에서의 과제 및 전망을 정리하고자 한다.

아울러 일본에서 삼림 흡수원 대책을 실시하는데 있어서의 개념이나 방법에 대해서도 설명하고자 한다.

온난화 방지에 공헌하는 삼림 비즈니스에는 어떤 가능성이 있고 어떤 위험이 있는가. 그 전체상을 이 장을 통하여 파악하기 바란다.

2-1 청정개발체계(CDM)를 실시하려면?

1-12에서 소개한 청정개발체계(CDM)를 실행하기 위해서는 교토의정서의 규정에 따른 프로세스와 절차를 지켜야 한다. 교토의정서의 제12조 4항에는 CDM은 당사국 총회(COP)의 권위와 지도에 따라 CDM 이사회(Executive Board, EB)의 감독을 받는다고 규정되어 있다. 또한 제12조 5항에서 각 프로젝트(사업활동)로부터 발생하는 배출 저감량(Certified Emission Reduction, CER)은 당사국 총회가 지정하는 운영기관(Designated Operational Entity, DOE)이 인증하도록 되어 있다.

교토의정서의 규정에 따른 CDM 프로젝트의 프로세스는 다음과 같다(그림2-1-1).

① 프로젝트 참가자(사업자)가 CDM 프로젝트의 계획을 작성하고 프로젝트 설계서(PDD)를 작성한다(2-2 참조).

② 관계국가(투자국, 호스트국)가 CDM 프로젝트를 승인한다.

③ 지정운영기관(DOE)이 프로젝트 설계서(PDD)를 바탕으로 CDM 프로젝트로서의 적합성 여부를 평가, 판단하는 유효화(validation)를 실시한다. 유효화를 통하여 적격으로 판단된 프로젝트는 CDM 이사회가 등록(registration)을 한다.

④ 프로젝트 참가자(사업자)는 프로젝트를 실시하고 온실효과가스의 배출량 및 흡수량을 측정(모니터링)한다.

⑤ 프로젝트 참가자로부터의 보고를 바탕으로 운영기관(DOE)은 모니터링 결과와 배출 저감량(또는 흡수 증대량)을 검증(verification)하

여, 그 결과에 따라 배출 저감량(또는 흡수 증대량)을 정식으로 인증(certification)하고 CDM 이사회가 CER을 발행(issuance)한다.

⑥ 발행된 CER 가운데 2%가 개발도상국 지원을 위하여 필요한 %분(2005년 8월 시점에는 미정)이 CDM 제도 운영경비로 공제되고, 나머지 CER을 프로젝트 참가자 간에 분배하고 각국의 등록부에 등록한다.

[그림2-1-1] CDM 프로젝트의 프로세스

프로세스	관계주체
① CDM 프로젝트의 계획 작성, 프로젝트 설계서(PDD) 작성	프로젝트 참가자(사업자)
② 투자국, 호스트국이 승인	투자국, 호스트국의 정부
③ CDM 프로젝트의 유효화(validation) 및 등록(registration)	지정운영기관(DOE) CDM 이사회
④ CDM 프로젝트 실시 및 모니터링	프로젝트 참가자(사업자)
⑤ CER의 검증(verification)과 인증(certification) 및 발행(issuance)CDM 이사회	지정운영기관(DOE)
⑥ CER의 분배	CDM 등록부 국가별 등록부

출처: 환경성 『도설 교토메커니즘 제3.1판』에 의거하여 작성

이와 같이 CDM 프로젝트는 6개 프로세스를 거쳐 실시되는데 특히 관계국의 승인, DOE의 유효화(validation)와 인증(certification)이 중요한 절차이다.

그리고 이와 같은 절차는 프로젝트 참가자(사업자)로서는 복잡한 작업이 되기 때문에 재생가능에너지 프로젝트나 에너지절약 프로젝트 등 3개 분야의 배출원 소규모 프로젝트, 신규 조림, 재조림 소규모 프로젝트에 대해서는 유효화부터 **CER**의 검증·인증·발행 등에 대하여 간편한 절차가 적용되고 있다(2-12 참조).

세계적인 확장 추세를 보이는 CDM 사업

2005년 3월의 UN의 자료에 따르면 CDM 사업에 관해서는 약 100개 안건이 심사 단계에 들어가있다. 이미 UN에 등록되어 있는 사업은 10건, 신방법론(Methodology panel)으로 인정된 것은 25건이다.

유효심사 종료 또는 실시 중인 65건의 CDM 사업(2005년 5월 20일 현재)을 분석해보면 매우 흥미롭다. 우선 수입국 별로 보면 브라질 51.6%, 칠레 9.4%, 중국, 인도 4.7%, 볼리비아, 에콰도르, 과테말라 3.1%, 기타 20.3%로 되어 있다. 중남미가 가장 많고 그 중에서도 브라질이 전체의 약 절반을 차지하고 있다. 브라질은 원래 CDM 사업에 부정적이었으나 최근에는 적극성을 띠게 되었다. 다음으로 프로젝트의 형태별로 보면 LFG 매니지먼트(매립지의 메탄 회수 등) 32.3%, 바가스코 발전(사탕수수 잔재 이용 발전) 27.7%, 수력발전 15.4%, 가축분뇨 처리 15.4% 등의 분야가 많고 이들 모든 분야에 브라질이 많다.(주1)

이상의 동향에서 CDM 사업의 투자자(사업자)는 국가위험도(country risk)가 적은 국가에서 투자효율이 보다 좋은 프로젝트를 우선하고 있음을 알 수 있다. CDM을 비즈니스의 관점에서 살펴보면 당연한 귀결이라고도 할 수 있다.

일본정부가 승인한 안건은 2005년 7월 현재 16건(235쪽 참조)이고 이 가운데 4건은 이미 UN CDM 이사회의 승인을 받았다.(주2) 16건 중 2건은 왕겨발전(태국), 고무폐품 발전(태국)의 바이오매스 안건이다.

(주1) 65건에 대한 내역 데이터는 퍼시픽 컨설턴트(주) 야마다 가즈오(山田和夫) 씨의 조사 결과이다.

(주2) 16건의 국가별 내역은 칠레 4건, 브라질 3건, 태국, 베트남 각 2건, 말레이시아, 부탄, 한국, 아르메니아, 인도 각 1건(환경성 자료에 의거).

2-2 CDM 프로젝트의 계획을 작성하려면?

청정개발체계(CDM) 프로젝트의 계획을 작성하는 경우에는 다음과 같은 여러 면에 유의해야 한다.

① 당해 프로젝트가 호스트국의 「지속 가능한 개발」에 공헌할 것(공헌하는지 여부는 호스트국이 판단한다).

② CDM 프로젝트가 없었던 경우와 비교하여 인위적인 온실효과가스 배출량의 추가적인 저감을 가져올 것.

③ 원자력시설에서 생긴 크레디트를 국가의 목표수치 달성에 활용하는 것은 가할 것.

④ 흡수량 증대 프로젝트("흡수원(싱크) CDM 프로젝트" 또는 "CDM 조림 프로젝트"라고도 한다)는 제1약속기간에 대해서는 신규 조림·재조림 프로젝트에 한정할 것.

⑤ 공적자금을 활용하는 경우에는 ODA(공적개발원조)의 유용(流用)이어서는 안 된다.

이 가운데 특히 ④ 흡수원 CDM(CDM식림 프로젝트)에 대해서는 교토의정서의 제3조 4항에 규정되어 있는 「삼림 경영, 농업용지관리, 방목지관리, 식생관리」(1-6 참조)의 프로젝트는 대상 외라는 것에 주의하여야 한다. 또한 개도국(비부속서 I 국)이 CDM 프로젝트의 호스트국으로 되는 경우에는 교토의정서에 비준하고 CDM을 담당하는 정부기관을 지정하는 것이 조건이 된다.

다음으로 앞에서 제시한 유의사항을 갖추고 나서 CDM 프로젝트가 유효화(validation) 및 등록(registration)되기 위해서는 프로젝트 설계서(PDD)를 작성해야 한다. PDD는 아래의 항목으로 구성되어야 한다.

① 프로젝트의 목적, 개요, 경계(境界)

② 베이스라인 설정방법

③ 프로젝트 실시기간, 크레디트 취득기간

④ 프로젝트로 인한 인위적인 온실효과가스의 배출 저감량(CDM 조림 프로젝트의 경우는 흡수 증대량)에 관한 설명

⑤ 환경에 대한 영향분석(필요에 따라 환경영향평가 결과)

⑥ 공적자금의 활용에 관한 정보, 공적자금이 ODA의 유용이 아니라는 확인서

⑦ 이해관계자의 견해, 그들에 대응한 보고

⑧ 모니터링 보고

⑨ 인위적인 온실효과가스 배출 저감량의 산출

⑩ 참고자료

이들은 배출저감 프로젝트를 고려하여 생각된 항목이지만, 앞서 말한 바와 같이 제1약속기간에 대해서는 신규 조림·재조림 프로젝트에서도 실시할 수 있게 되었다(2-7~2-12 참조).

CDM의 관련조직

CDM은 당사국 총회(COP (COP/MOP)) 아래에 설치된 CDM 이사회(Executive Board, EB)와 지정운영기관(designated Operational Entity, DOE)이 추진하고 있다. EB는 CDM 프로젝트의 실질적인 관리·감독기관이며 베이스라인 설정, 배출량의 모니터링, 프로젝트의 경계설정 등에 관한 새

로운 방법의 승인이나 DOE의 인정·취소, CDM 등록부의 개발·정비, CDM 프로젝트의 정식등록, 배출 저감량(CER)의 발행 등을 한다. 또한 DOE는 CDM 프로젝트의 실무상의 심사 기관이다(상세한 것은 2-4를 참조).

[CDM 이사회(EB)를 중심으로 하는 조직도]

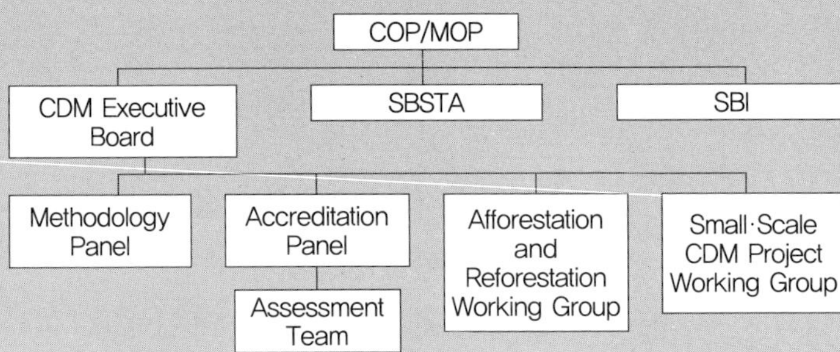

2-3 CER은 어떻게 발행·분배되는가?

청정개발체계(CDM)에서 발행되는 크레디트인 CER(인증배출 저감량 : Certified Emission Reduction)은 표2-3-1과 같은 절차에 따라 분배된다.

[표2-3-1] CER 발행·분배 절차

CER 발행·분배 절차
① CER은 CDM 등록부 (CDM registry)에 발행된다.
▼
② 「수익의 일부(Share of proceeds)」가 공제된다.
▼
③ 나머지 CER을 호스트국과 CDM 프로젝트 참가자 간에 분배한다.

출전 : 환경성 『도설 교토메커니즘 제3.1판』에 의거하여 작성

우선 CER은 CDM 이사회(EB)가 설립·운영하는 CDM 등록부(clean development mechanism registry)에서 발생된다. CDM 등록부는 CDR의 발행, 보유, 이전, 개발도상국(비부속서 I 국)의 취득 등을 정확하게 실시하기 위하여 만든 전자 데이터베이스이며, ① (CDM 이사회용) 보유계좌 ② (비부속서 I 국용) 유보계좌 ③ 취소계좌 ④ (수익배분용) 계좌를 개설한다. 각 계좌에는 국가/조직별 코드 및 계좌를 특정하기 위한 식별번호를 부여한다. 또한 각각의 CER에도 식별번호를 부여하고 CDM 등록부 내의 한 계좌에만 존재하도록 관리한다. 또한 취소계좌에 넣은 배출 할당량은 목표수치 달성을 위하여 사용하거나 이전할 수는 없다.

그 후 2-1에서 설명한 바와 같이 「수익의 일부(개도국을 지원하기 위한 2% 및 당연한 %분)」가 공제되고 나머지 CER을 CDM 프로젝트 참가자 간에 분배하게 된다.

CER의 분배에 있어서는 호스트국과의 분배비율을 미리 정해놓을 필요가 있다. 또한 프로젝트 참가자가 당사자인 경우에는 국가별 등록부(National registry)에 당해 사업자의 계좌가 개설되어 있어야 한다. 일본에서는 경제산업성과 환경성이 교토의정서의 발효를 받아 2005년 2월에 국가별 등록부의 운용을 개시하여, 현재 조약사무국에서 개발 중인 거래 로그(ITL)와의 접속시험을 실시하고 있다. CDM 프로젝트 참가자 간에서 CER을 분배할 수도 있지만 그때에도 분배비율을 미리 결정해둘 필요가 있다.

배분된 CER은 배출 할당량의 증가분으로서 활용할 수 있지만 신규조림(재조림의 CDM 프로젝트(CDM 조림 프로젝트)로 인한 CER에 대해서는 기준년 배출량의 1%가 취득상한으로 되어있다. 1-12에서 설명한 바와 같이 일본의 경우는 334만 탄소(C) 톤/년이 상한치로 되어 있다.(주)

(주) 일본의 CER 취득상한을 이산화탄소 톤으로 표시하면 기준년 배출량 12억 3,690만 t-CO_2 (36쪽의 컬럼 참조) × 1% = 1,237만 t-CO_2 환산/년이 된다.

2-4 지정운영기관(DOE)이 되려면?

2-1에서 설명한 바와 같이 청정개발체계(CDM)를 실행하는 데 있어서 필요한 것이 지정운영기관(Designated Operational Entity, DOE)이다. DOE는 대상이 되는 프로젝트의 CDM으로서의 유효성을 심사(validation)하고 배출 저감량(흡수 증대량)을 검증(verification)하고 인증(certification)한다. DOE는 CDM의 권위와 신뢰성을 유지하는 중요한 역할과 책임을 짊어지고 있다고 할 수 있다.

DOE가 되려는 기관은 CDM 이사회에 신청하여 신임(accreditation)을 받아 COP/ MOP(교토의정서의 당사국 회합으로서의 역할을 다하는 당사국 총회(주1))의 지정(designation)을 받아야 한다. 지정을 받으면 CDM 업무를 할 수 있다.

CDM 이사회의 신임에 받는 작업은 이사회의 CDM-AP(CDM Accreditation panel, 인증 패널)이 실시되어, 이사회에서 인정하여 COP/MOP에 지정된 추천절차를 밟는다. CDM-AP의 멤버는 7명으로 구성되어 있다(주2). CDM-AP가 실시하는 인정심사는 문서심사(desk review), 사무소 심사(on site assessment), 면담심사(witness)의 3단계를 거친다. CDM-AP의 심사팀은 2~3명으로 구성되고 심사원은 국제공모로 선임되며 일본에서도 수 명이 참가하고 있다.

DOE의 자격 요건인 인가기준은 마라케쉬 합의 부속서(Annex)의 부록서 A(Appendix A) 「운영기관 인가기준」에 규정되어 있다. 그 요점은 다음과 같다.

① 법인(국제기관 포함)일 것.

② DOE로서 충분한 인재, 자금적 안정성, 전문능력, 경영체제 등을 갖추고 있을 것.

③ 신뢰성, 독립성, 공평성, 투명성을 확보할 것.

조직으로서의 신용과 안정성에는 엄격한 조건을 제시하고 있으며, 「자금적으로 안정되어 있고 활동에 필요한 보험능력과 자금을 지니고 있을 것」(부록서 A 1(C) 항), 또한 「그 활동으로 인하여 발생하는 법적·자금적 신용성을 커버할 수 있는 충분한 능력이 있을 것」(부록서 A 1 (d) 항) 등이 규정되어 있으므로 약소(弱小)기관에는 DOE의 자격이 없다고 할 수 있다.

[표2-4-1] DOE로서 승인된 기관

일본	주식회사 JACO CDM 사단법인 일본품질보증기구 (JQA) 사단법인 일본플랜트협회 (Japan Consulting Institute, JCI)
서유럽	Det Norske Veritas Certification Ltd. (노르웨이) TUV Industrie Service GmbH TUV SUD GRUPPE (독일) SGS United Kingdom Ltd. (영국) TUV Industrie Service GmbH, TUV Rheinland Group (독일) Spanish Association for Standardization and Certification (스페인)

주: 2005년 6월 현재.
출처: 기후변화협약조약 사무국 WEB (http://cdm.unfccc.int/DOE/CallForinput).

또한 운영상의 제약으로서 DOE는 프로젝트 신청자(사업자)와의 사이에 이해관계가 있어서는 안 된다.

2005년 6월 현재로 DOE로 승인된 것은 8개 기관(표2-4-1), 신청 절차를 마친 것은 18개 기관(그 중 일본에서는 4개 기관)이다.

표2-4-1과 같이 DOE로 승인된 일본의 기관은 (주)JACO CDM, (재)일본품질보증기구(JQA), (사)일본플랜트협회(JCT)의 3개 기관이며, 모두가 ISO의 심사인정 기관이다. JACO CDM과 JQA는 CDM 조림 프로젝트의 심사에 대응할 수 있는 체제로 되어 있다.

DOE에 대한 신청절차를 밟고 있는 일본의 기관 가운데 중앙청산 PwC 서스테이너빌리티 연구소(중앙청산감사법인)는 PwC와, 도마쓰는 Deloite Touche와, 아즈사 감사법인(아사히 감사법인과 아즈사 감사법인이 2004년 1월에 합병)은 KPMG와 제휴관계를 맺는 등 각각 해외의 기관과 제휴를 맺고 있다.

DOE의 역할과 책임

교토의정서의 제12조 5항은 「사업활동에서 발생하는 배출 저감량은 (중략) 당사국 회의(COP)가 지정하는 운영조직의 인증을 받는다」고 DOE의 지위를 규정하고 있다. DOE의 인증, 임명방법이나 역할과 책임은 마라케쉬 합의의 부속서(Annex) 「CDM을 위한 방법과 절차」의 D항, E항에 다음과 같이 규정되어 있다.

① 사업자가 작성한 프로젝트 설계서(PDD)를 바탕으로 하여 CDM 프로젝트로서 적합한지의 여부를 평가, 판단하고 유효화(validation)하여 CDM 이사회에 등록(registration)을 신청한다.

② 등록된 CDM 프로젝트의 배출 저감량을 검증(verification)하여 정식으로 인증(certification)한다.

③ CDM 이사회의 요구에 따라 CDM 프로젝트의 실시자로부터 얻은 정보(기업비밀은 제외)를 공개한다.

유효화와 검증·인증은 각각 다른 DOE가 실시하는 것이 원칙으로 되어 있으나 소규모 프로젝트의 경우는 동일 DOE라도 무방한 것으로 되어 있다. 또한 검증은 PDD에 표시한 모니터링 방법에 따라 배출 저감량이 확보되었는지를 확인하게 된다. 참고적으로 마라케쉬 합의 E항을 다음 쪽에 표시한다.

〈마라케쉬 합의 부속서〉 (Annex) E항

E. 임명된 운영기관

26. 임명된 운영기관은 이사화를 통하여 COP/MOP에 대하여 설명책임을 가지며, 결정/CP.7 (12조)과 본 부속서(Annex)에 명시한 방법 및 절차, 그리고 COP/MOP와 이사회의 관련 결정을 준수할 것.

27. 임명된 운영기관은

(a) 제안되는 CDM 사업활동을 확인할 것.

(b) 배출원으로부터의 온실효과가스에 대한 인위적 배출 저감량을 검증하고 인증할 것.

(c) 아래 (e)에 언급한 임무를 수행하는 경우 CDM 사업활동의 호스트 체약국에 대한 적용법을 준수할 것.

(d) 지정운영기관과 그 하도급기관이 유효화·검증·인증업무의 수행에 선임된 CDM 사업 활동자와의 사이에 실직적 또는 잠재적인 이해충돌이 없음을 실증할 것.

(e) 하나의 CDM 사업활동에 관하여 유효화 또는 검증 및 인증의 역할 가운데 하나를 실시할 것. 그러나 요청이 있으면 이사회는 단일의 CDM 사업활동 내에서 이들 역할을 모두 수행할 것을 인정할 수 있다.

(f) 유효화·검증·인증을 실시한 모든 CDM 사업활동에 관한 일반공표 리스트를 정리 비치할 것.

(g) 이사회에 대하여 연차활동보고를 제출할 것.

(h) 이사회가 요청하는 대로 CDM 사업 참가자로부터 얻게 되는 정보를 일반에게 공표할 것. 대외비 내지 기밀이라고 표시된 정보는 국가의 법에 따라 요구하는 경우를 제외하고 정보제공자의 서면동의 없이 공표해서는 안 된다. 후술하는 43항에 규정된 대로 추가성을 판단하기 위하여, 베이스라인 방법론과 그 적용에 관한 설명을 하기 위하여, 그리고 후술하는 37항 (c)에 기재되어있는 환경영향평가를 지원하기 위하여 사용되는 정보는 대외비 내지 기밀로는 간주되지 않는다.

(주1) 교토의정서는 2005년 2월에 발효하였으나 기후변화협약의 모든 체약국이 교토의정서의 체약국이 된 것은 아니다(예컨대 미국은 교토의정서에 비준하지 않았다). 이 때문에 교토의정서의 최고결정기관으로서 COP/MOP(Conference of the Parties serving as the meeting of the Parties)가 설치된다. 제1회의 COP/MOP는 2005년 11~12월에 캐나다의 몬트리올에서 개최되는 COP11과 함께 열릴 예정이다.

(주2) CDM-AP에는 일본에서 大坪孝至 씨(재단법인 일본적합성인정협회 상근고문)가 들어있다.

2-5 심사인, 검증인이 되려면?

지정운영기관(DOE)의 담당자로서 청정개발체계(CDM) 프로젝트의 유효화 확인(validation)이나 검증(verification)의 임무를 맡는 것이 심사인, 검증인이다. 이를테면 CDM 프로젝트의 심사인, 검증인은 프로젝트의 신뢰성을 유지하는 책무를 지고 있다고 할 수 있다.

심사인, 검증인의 자격기준은 규정된 바가 없지만 마라케쉬 합의 부속서에서 DOE의 인가기준을 규정한 부록서에는 인재의 기준에 관하여 다음과 같이 적혀있다. 즉, 부록서 1 (b)항에 DOE는「유효화, 검증, 인증의 업무를 수행하는데 필요한 능력을 갖춘 충분한 수의 인재를 고용하고 있을 것」이라 하였고, 부속서 1 (f)항에서 DOE는 CDM의 방법, 절차나 DOE로서의 역할을 다하는 데 필요한 전문지식을 갖추어야 하며 특히 환경문제, 베이스라인, 모니터링, 배출량 계산, 환경감사 등에 관한 전문지식을 갖추어야 한다고 규정하고 있다.

ISO에 있어서의 온실효과가스 관련 신규격

국제표준화기구(International Organization for standardization : ISO)에서는 작업부회(WG5)를 만들어 온실효과가스의 배출에 관련되는 측정·보고·실증에 관한 국제규격의 작성작업을 추진하고 있다. 2005년 말이나 2006년 초에는 ISO14064로 발효될 예정이다. 일본국내에도 SO/TC207/WG5(기상변동) 대응 국내위원회(주1)가 설치되어 업계단체, 대학, 연구기관, 환경성 등 필자를 포함한 23명의 산학관 위원이 검토에 임하고 있다. 이 규격안(ISO/DIS14064)에 관해서는 WG5에서의 투표가 2005년 6월 27일에 마감되었고(주2) 수정안의 검토를 거쳐 최종투표에 붙일 예정이다. ISO/DIS

14064의 내용은 거의 정리된 단계이며 미국이 어지간히 난제를 꺼내지 않는 한 예정대로 발효될 전망이다.

ISO/DIS14064는 다음과 같은 3부 구성(part1, part2, part3)으로 되어 있다. 배출원만이 아니라 흡수원도 규격의 대상으로 되어있는 점에 유의할 필요가 있다.

- ISO/DIS14064-1(organization) : 조직차원의 온실효과가스(GHG) 배출(emissions), 흡수(removal)의 측정, 보고지침이 포함된 규격서(spec with guidance)
- ISO/DIS14064-2 (projects) : 프로젝트 레벨의 GHG 배출저감, 흡수증대의 측정, 모니터링, 보고서지침이 포함된 규격서
- ISO/DIS14064-3 (verification), GHG의 유효화(validation), 검증(verification)의 지침에 대한 규격서

이 규격 작성에서 어려웠던 점은 교토메커니즘(특히 CDM의 운영규칙 등)과는 전혀 별개의 규격이라고 주장하는 미국과 일관성을 주장하는 EU는 일본과 대립하여 용어나 해석 등의 교섭에 많은 시간을 소비한 것이었다. 최종적으로는 교토메커니즘과는 별개의 규격이 되었으나 각 part의 annex 등에서 교토메커니즘과의 일관성을 도모하는 노력이 반영되어 있다.

향후의 과제는 이 새로운 규격이 세계 각국에서 활용되는가의 여부이다. ISO14064가 사용됨으로써 다른 배출권 거래제도 간의 호환성(예컨대 교토마켓과 논 교토마켓(3-1 참조))이 장래에 이루어질 가능성도 있다. 일본에서의 보급방법으로는 일본정부 차원의 GHG 인벤토리에 의한 활용 외에 국내 배출권 거래제도(3-9 참조) 등이나 DOE 등의 국내 검증기관에서의 이용 등을 생각할 수 있다.

(주1) 사무국은 (사)산업환경관리협회(http://www.jemai.or.jp)

(주2) 총투표수 67표 중 찬성 62표, 포기 5표, 반대 0표로 DIS는 가결.
단, 찬성 중 21표는 조건부찬성(ISO/TC207/WG5/N171 14064-1 DIS result, 2005년 6월 29일)에 의거.

이와 같은 요건에 비추어 심사인, 검증인에 적합한 인재로는 ISO14001 환경 매니지먼트 시스템이나 ISO9000 품질 매니지먼트

시스템의 심사원 등이 예상되고 있다. 일본에서 DOE에 신청한 기관(2-4 참조)도 이와 같은 유자격자를 심사인, 검증인으로 육성할 의향을 보이고 있다.

이미 심사인, 검증인의 양성연수가 진행되고 있으며 (주)테크노퍼가 경제산업성 위탁사업(일부를 일본 OE협회가 재수탁)으로 2002년도부터 2005년도까지 4년에 걸쳐 약 160명을 대상으로 5일간 코스의 연수를 실시하고 있다. 수강자는 DOE 신청기관, CDM에 관심이 있는 기업, ISO인정 심사기관 등의 관계자로서 전술한 바와 같이 ISO14001, ISO9000 심사원의 유자격자가 많다.

또한 앞으로 수요가 높아질 것으로 전망되는 흡수원CDM(CDM 조림) 프로젝트의 심사인, 검증인으로서 필요한 조건은 당연히 호스트국(개도국)에서의 조림에 관한 충분한 지식과 경험이다. 특히 CDM 조림 프로젝트의 과제인 베이스라인, 바운더리, 흡수량 계산방법(어카운팅), 모니터링 기법 등(2-7~2-12 참조)에 관한 지식과 판단력이 필수적이다.

또한 심사인, 검증인에는 고도의 영어능력이 요구되는 동시에 CDM 조림 프로젝트의 경우는 호스트국의 언어를 이해할 수 있다면 더욱 바람직하고, 호스트국의 임업과 임산업에 관한 전문지식과 경험을 갖추고 있는 것도 프로젝트의 리스크 판단에 중요한 요건이 된다. 이에 더하여 ISO14001 등의 환경감사에 관한 지견이 있으면 더욱 바람직하다.

2-6 어느 지정운영기관(DOE)을 선택해야 하나?

청정개발체계(CDM)의 심사·검증·인증업무 등을 담당하는 지정운영기관(DOE)은 신청 시 심사의 대상이 되는 분야(스코프)를 지정하여야 한다. 따라서 CDM 프로젝트의 참가자(사업자)는 각 DOE의 전문성을 잘 파악한 뒤에 자신의 프로젝트에 적합한 DOE를 선택하여야 한다.

특히 흡수원 CDM(CDM 조림) 프로젝트에서 DOE를 선택하는 경우에는 다음과 같은 점을 유의하여야 한다.

① **스코프** … 당연한 일이지만 DOE의 스코프 가운데에 흡수원 분야가 들어있지 않으면 조림 프로젝트에 관한 업무는 할 수가 없다. 다음 쪽의 컬럼에 표시한 바와 같이 삼림 흡수원 분야에 관해서는 「14. 신규 조림·재조림」으로 구분하여 표시되어 있다. 따라서 프로젝트 참가자(사업자)는 앞으로 「14. 신규 조림·재조림」을 스코프에 포함시키는 DOE가 얼마나 나올지 그 동향에 관한 정보수집과 확인이 필요하게 된다.

② **DOE 경험자의 이해** … 현재 DOE 신청 중인 기관의 경영자는 대부분이 제조업 등의 출신자로서 임업이나 목재산업분야에 관한 경험자는 거의 없다. 또한 CDM 조림 프로젝트는 배출저감 프로젝트보다도 심사나 검증이 어려워서 DOE로서는 리스크가 높다는 견해도 나오고 있다. 이와 같은 현상을 감안한다면 DOE 경영자가 CDM 삼림 프로젝트의 내용이나 의의를 잘 이해하고 있는

지의 여부가 DOE를 선택하는 데에 중요한 포인트가 된다. 가급적이면 프로젝트 참가자(사업자)는 DOE 경영자와 직접 면담하여 그 이해정도를 확인하는 것이 바람직하다.

③ **인재(전문가)의 유무** … CDM 조림 프로젝트에 손대려는 DOE는 2-5에서 설명한 바와 같은 심사인, 검증인을 확보할 필요가 있다. 단 마라케쉬 합의에 있어서의 부속서의 부록서 A 1 (f)항에는 DOE의 전문지식에 관하여 「또는 그 입수경로를 알고 있는」 등의 표현이 있어서 조직 내에 상근의 전문가가 없어도 아웃소싱(외주)으로 전문가를 비상근으로 두는 등의 대응도 가능하다. 그 경우에는 조직 밖의 전문가를 충분히 활용할 수 있는 운영상의 요건을 DOE가 갖추고 있어야 하며, 프로젝트 참가자(사업자)는 이 점을 잘 확인하여야 한다

「프로젝트의 스코프」

DOE가 심사의 대상으로 하는 분야를 가리켜 「스코프」 또는 「분야별 스코프(sectoral scope)」라 한다. DOE가 되려는 기관은 신청 시 어느 스코프를 대상으로 할 것인지를 지정하여야 한다. 스코프는 아래에 표시한 15개 분야로 구분되어 있다. 이들 분야는 교토의정서 부속서 A의 부문, 발생원의 분류 등에 따라 설정되어 있다.

삼림 흡수원 분야에 관하여 스코프에서는 「14. 신규 조림·재조림」으로 규정되어있다.

DOE는 복수의 스코프를 지정할 수 있는바 각각의 스코프에 전문지식을 가진 심사인, 검증인을 갖출 필요가 있다. 또한 이후에 새로운 스코프를 추가하고자 하는 경우에는 재신청이 필요하다.

【스코프의 종류】

1. Energy industry (Renewable/non-renewable) (에너지 산업)

2. Energy distribution (에너지 유통)
3. Energy demand (에너지 수요)
4. Manufacturing industries (제조업)
5. Chemical industry (화학산업)
6. Construction (건설)
7. Transport (운송)
8. Mining/Mineral production (광업·무기(無機)공업)
9. Metal production (금속공업)
10. Fugitive emissions from fuels (Solid, oil and gas) (연료의 누설)
11. Fugitive emissions from production and consumption of halocarbons and sulfur hexafluoride (HFC 등의 누설)
12. Solvents use (용제 사용)
13. Waste handling and disposal (폐기물 처리·처분)
14. Afforestation and reforestation (신규 조림·재조림)
15. Agriculture (농업)

④ **지역적 특성** … 말라케쉬 합의의 부록서 A (f) (Ⅵ)항은 DOE로서 필요한 지식에 「지역적 측면」을 들고 있다. DOE가 프로젝트 참가자(사업자)가 제출하는 프로젝트 설계서(PDD, 2-2 참조)의 타당성을 판단하는 경우 현지사정에 정통하고 있으면 또는 그와 같은 제휴자의 협력을 얻을 수 있으면 보다 정확한 판단이 가능하다. 특히 모니터링 등의 경우에 현지 제휴자의 활용이 가능하다면 경비도 절감할 수 있다. 따라서 프로젝트 참가자는 DOE가 호스트국에 대한 지식을 가졌는지 그리고 제휴처를 가졌는지를 확인하는 것이 중요하다.

CDM 조림 프로젝트를 실시하려는 경우 전문 DOE가 일본국내에 있는 것이 바람직하다. 또한 DOE 신청 중인 기관 가운데 CDM 조림 프로젝트에 관심을 가지고 전문가의 육성이나 전문가 확보에 노력하고 있는 곳을 찾아서 정보수집을 펴나가야 한다.

그리고 일본에서 DOE에 승인 또는 신청을 하고 있는 (주)JACO CDM, 일본품질보증기구(JQA), 중앙청산 서스테이너빌리티 인증기구, 아즈사 감사법인 등(2-4 참조)이 2003년 6월 초에 일본OE협회를 창립하고 정보교환이나 연휴강화, 심사기준 작성, 인재육성, 행정과의 협력체제 만들기 등을 목적으로 활동을 펴고 있다.

2-7 CDM 조림이란? ① 계산법(어카운팅)

1-2에서 설명한 바와 같이 2001년 10월~11월에 모로코의 마라케쉬에서 개최된 기후변화협약 제7회 당사국 총회(COP7)에서 제1약속기간의 청정개발체계(CDM) 흡수원 프로젝트는 신규 조림 또는 재조림(이하 "CDM 조림"이라 약칭한다)에 한정하여 실시하기로 하였다(마라케쉬 합의). 그러나 이 CDM 조림 프로젝트를 실시하는 데 있어서는 특유한 과제가 있음을 주의하여야 한다.

우선 첫째로, CDM 조림 프로젝트에 의거하여 흡수·고정된 탄소량을 어떻게 산정하는가 하는 어카운팅(흡수량 산출·산정방법)의 문제가 있다.

어카운팅에는 몇 가지 방법이 있는데 2000년에 IPCC가 발표한 「토지이용·토지이용 변화 및 임업에 관한 특별보고서」(IPCC 특별보고서)에는 ① 스톡변화방식, ② 평균저장방식, ③ 톤-이어(ton-year) 방식의 세 가지가 소개되어 있었다.

이 가운데 현재는 ① 스톡변화방식이 가장 일반적으로 사용되는 방법으로 정착되고 있다. 스톡변화방식은 프로젝트의 어떤 지점, 시점에 있어서의 CO_2 흡수·고정량과 베이스라인(2-10 참조)과의 차(탄소 스톡량)를 산정하는 것으로서 국내 삼림의 CO_2 흡수량을 산정하는 경우에도 기본적으로 스톡변화방식의 개념을 따르고 있다(2-20 참조).

이 밖의 ② 평균저장방식이나 ③ 톤-이어 방식은 별로 많이 쓰이지 않지만, 참고로 그 개념만을 소개해둔다.

우선 ② 평균저장방식은 프로젝트의 전 기간에 걸쳐 탄소저장의 변화를 조사하여 그 평균을 산출하는 것이다(그림2-7-1). 예컨대 3회 로테이션의 조림 프로젝트를 실시한 경우 탄소 저장량은 식재 후 증가를 계속하고 벌채 시에는 제로로 되는 증감을 3회 반복하게 된다. 그 전기간을 통한 탄소저장의 평균량을 구하는 것이 평균저장방식이다.

[그림2-7-1] **평균저장방식**

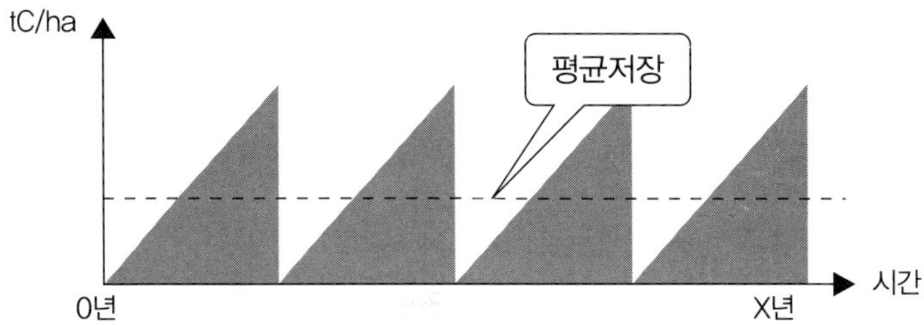

③ 톤-이어(ton-year) 방식은 삼림이 흡수·저장하는 탄소량의 변화를 보다 엄밀하게 다루는 어카운팅 방식으로서 "대체 어프로치"라고도 불린다. 대기 중에 잔존하는 CO_2가 온난화에 영향을 미치는 기간은 50년에서 200년까지 장기간에 걸쳐 나타난다. 따라서 삼림으로 인하여 흡수된 CO_2도 장기간 저장되지 않으면 배출저감과 동등한 효과를 가져오지 않는다. 따라서 "톤 이어(ton-year)"라고 하는 저장량과 시간의 두 가지 요소로 구성되는 측정단위를 사용하는 것이 이 어카운팅 방식이다(그림2-7-2).

일시적인 탄소의 저장에 관해서는 기후에 대한 영향을 동등하게 회피할 수 있는 배출량으로 변환하기 위한 계수를 적용하고 이 계수를 「등량(等量) 계수(equivalence)」라고 부른다. 등량 계수는 0.007~0.02까지의 폭이 있고 「등량 시간(equivalence time)」의 개념에서 도출된다.(주1)

[그림2-7-2] 톤-이어 방식

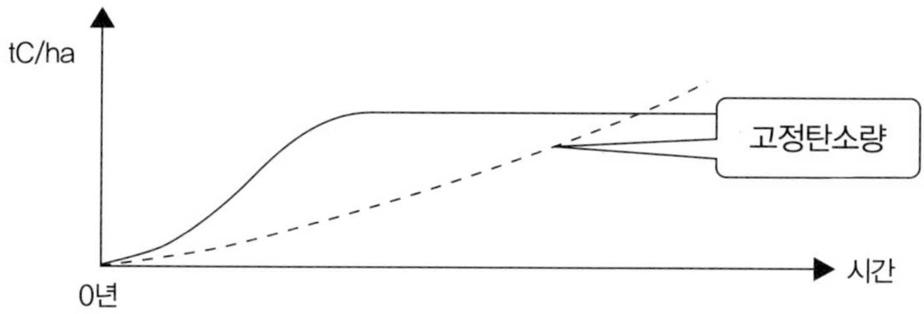

재조림의 기준년

교토의정서의 제3조에서 재조림이란 1990년 1월 1일 이후의 조림 활동을 대상으로 한다고 정의하고 있다. 또한 2001년의 COP7(마라케쉬 합의)에서도 재조림은 1990년 1월 1일 이후의 조림에 한정한다고 정의하였다. 따라서 재조림 프로젝트를 실시하는 경우에는 1989년 12월 31일 시점에서 그 토지가 삼림이었는지 또는 삼림이 아니었는지("삼림"의 정의는 46쪽의 컬럼 참조)가 중요한 포인트가 되며, 이 1989년 말을 「기준년」이라 설정하였다.

단, 여기서 문제가 되는 것은 CDM 조림 프로젝트가 실시되는 호스트국(개도국)에서 1989년 말 시점의 프로젝트 예정지의 토지이용 상황을 판단할 자료를 입수할 수 있는지의 여부이다. 예컨대 동남아시아의 실정을 보면 많은 나라와 지역에서는 1989년 말 당시의 지상부의 자료나 삼림부, 토지 이용부 등이 미 정비 상태였으므로 아마도 지역주민으로부터 청취하는 것 말고는 토지이용 상황을 판단할 수는 없을 것으로 보인다.

이와 같은 실정을 고려하여 일본정부는 CDM 조림 프로젝트(교토의정서 제12조에 규정)의 기준년을 1999년 말로 변경한다고 하는 캐나다 안을 지지해왔다. 그러나 이 안을 지지하는 나라는 캐나다, 일본 외에는 볼리비아, 콜롬비아, 코스타리카, 인도네시아 등에 한정되어 있고 다른 나라는 모두가 1989년 말을 「기준년」으로 하는 안을 지지하여 2003년 12월에 개최한 COP9에서도 기준년은 변경되지 않고 1989년 말로 되었다.

그리고 기준년 변경에 반대해 온 그룹은 그 이유로 재조림의 정의가 교토의정서 제3조와 제12조와 달라지는 것은 문제가 있다고 보기 때문이다.

등량 시간이란 어떤 양의 CO_2가 대기 잔존기간 중에 일으키는 누적적인 방사강제효과(放射强制效果)를 방지하기 위하여 그와 같은 양의 CO_2가 바이오매스 또는 토양에 저장되는 데에 필요한 시간을 의미한다. 이 등량 시간에 관해서는 55년으로 하는 안(주2)과 100년으로 간주하는 안(주3) 등이 있다. 앞에서 말한 등량 계수는 55년의 경우는 1/55(0.018), 100년의 경우는 1/100(0.01)이 된다.(주4) 등량 시간 55년 안은 다음과 같이 설명하고 있다.「일정한 양의 CO_2가 배출되어 대기를 온난화 시키는 효과와 삼림이 55년간 탄소를 저장함으로써 온난화를 방지하는 효과가 상쇄되는 것을 나타내고 있다. 이는 삼림이 55년간 탄소를 저장하는 것, 그와 같은 양의 탄소가 배출되지 않았다는 것으로 생각할 수 있다」.(주5)

전술한 바와 같이 현재는 스톡변화방식이 일반적으로 채용되게 되나 지정운영기관(DOE)이 CDM 조림 프로젝트의 어카운팅에 관하여 심사를 할 때에는 ① 선택된 산정방법이 CDM 이사회·기후변화협약 조약 사무국(UNFCCC)에서 승인되어 있는가, ② 당해 프로젝트에 타당한 방법인가, ③ 산정근거가 되는 기초 데이터의 정밀도는 타당한가, ④ 산정에 필요한 분야(유기물의 분해, 시비(施肥) 등에 따른 배출 등)가 망라되어 있는가, ⑤ 바운더리의 설정, 누출의 포함 등이 적절하게 되어 있는가(2-10 참조) 등을 확인하게 된다.

(주1, 4)「교토의정서에서의 흡수원 프로젝트에 관한 국제적 동향」(國立環境研究所, 2001)에 의거함.

(주2) Moura-Costa and Wilson (2000)에 의거함.

(주3) Fearmside et al (2000)에 의거함.

(주5)「지구 온난화에 대응하는 일본, 미합중국, EU의 삼림정책 및 CO_2 배출권거래가 임업경영에 미치는 영향」(坂田景裕, 2002)에 의거함.

2-8 CDM 조림이란? ② 비영속성

청정개발체계(CDM)에 따른 흡수원 프로젝트(CDM 조림 프로젝트)에서는 2-7에서 설명한 어카운팅 방법으로 이산화탄소(CO_2)의 흡수량 및 고정량이 산정되고 여러 절차를 거쳐 크레디트가 발행·분배된다(2-3 참조). 그때에 가장 중요한 과제가 된 것이 「비영속성」의 문제이다.

발전소에서 에너지효율을 개선하거나 공장에서 에너지절약 프로젝트를 실시하는 것은 변함 없으며 그 후에도 그 효과가 상실되는 일은 없다. 대기 중으로 온실효과가스를 배출하지 않은 효과에는 영속성이 있는 것으로 생각되고 있다.

이에 비하여 CDM 조림 프로젝트의 경우는 수목이 성장과정에서 이산화탄소(CO_2)를 흡수·고정하더라도 벌채나 산불이 발생하면 흡수·고정되어있던 CO_2가 배출되어 다시 대기 중으로 되돌아간다(reversibility). 즉, 조림으로 CO_2를 흡수·고정하는 온난화 방지 효과에는 영속성이 없다(non-permanence).

이 비영속성의 문제는 CDM 조림 프로제트에서 발행·분배되는 크레디트의 가치나 매력을 감소시켜 프로젝트 참가자(사업자)의 사업참가 의욕의 저하에도 이어질 것을 우려하고 있다.

따라서 CDM 조림 프로젝트의 크레디트에 대해서는 일정한 조건을 달아서 비영속성의 문제를 해결하려고 하는 검토가 계속되어 2003년 12월에 이탈리아 밀라노에서 개최된 기후변화협약 제9회 당사국 총회(COP9)에서 크레디트에 유효기간을 설정할 것이 결정되었다. 구체적으로는 ① 단기적인 기한부 크레디트(tCER)와 ② 장기적인 기한부 크레디트(lCER)의 두 가지가 설정되어 프로젝트 참가자(사업자)는 tCER이나 lCER 중 하나를 선택할 수 있게 되었다(단, 한번 선택한 크레디트의 종류는 크레디트 발생기간 중에 변경할 수 없다).

이 두 가지 크레디트의 개요는 다음과 같다.

① **단기적인 기한부** CER(temporary CER: tCER) … tCER은 발행한 약속기간의 다음 약속기간 최종 일에 실효(失效)하는 기한부 크레디트이다. 실효한 tCER은 다른 크레디트를 사용하여 보전할 필요가 있으며, 보전에 사용되는 크레디트는 AAU, ERU, CER, RMU 및 tCER이다. 뒤에 설명하는 lCER로 tCER을 보전할 수는 없다.

또한 tCER은 프로젝트 개시 때부터의 탄소 축적량에 따라 인증할 때마다 새로운 일련번호로 재발행할 수 있다.

② **장기적인 기한부** CER(long-term CER: lCER) … lCER은 탄소축적의 감소가 없으면 크레디트 발생기간의 최종일에 실효하는 기한부 크레디트이다. 단, 크레디트 발생기간에는 갱신된 크레디트 발생기간을 포함하기 때문에(2-9 참조) 유효기간은 최장 60년간으로 된다.

이 유효기한이 끝나 실효된 lCER은 보전하여야 하며(주1) 보전에 사용되는 크레디트는 AAU, ERU, CER, RMU이다. 또한 tCER에서는 lCER을 보전할 수는 없으나 lCER에서는 보전이 되는 경우와 안 되는 경우도 있다.

lCER의 재발행에 관해서는 첫번 인증시에 발행한 크레디트 양의 탄소축적 감소가 없으면 그 이후에도 같은 양인 채 계속된다. 또한 두 번째 이후의 인증 시에 탄소축적이 저번의 인증 시보다도 증가되었다면 저번 인증 시부터의 증가분에 대해서만 크레디트가 발행된다(주2).

이상의 tCER과 lCER을 약속달성에 사용할 수 있는 기간(주3)은 크레디트를 발생한 약속기간에 한하는 것으로 되어 있으며 차기약속기간으로의 이월은 인정되지 않는다(RMU의 경우와 같다).

CDM의 기본분류(배출원·흡수원·통상규모·소규모)

청정개발체계(CDM)에는 쓰레기 매립지, 대체 프론 제조설비 등에서 발생하는 온실효과가스(GHG) 배출을 저감·억제하는 「배출원 CDM (프로젝트)」와 신규 조림·재조림으로 대기 중의 이산화탄소(CO_2)를 흡수·축적하는 「흡수원 CDM(CDM 조림 프로젝트)」이 있다. 또한 통상규모의 CDM과 소규모 CDM이 있으며 각각 실시 규칙이 다른 점에 주의하여야 한다. CDM의 기본분류는 아래 표와 같이 된다.

형식 / 규모	통상규모	소규모
배출원 CDM	CDM	소규모 CDM
흡수원 CDM	A/R CDM	소규모 A/R CDM

(주) A/R은 Afforestation(조림)과 Reforestation(재조림)의 약어.
A/R CDM은 조림·재조림 CDM.
출처: 환경성자료

(주1) lCER의 보전이 필요한 경우는 본문 중에 설명한 바와 같이 유효기간의 만료로 실효되는 경우 외에 ① 탄소배출이 있었던 경우, ② 5년마다 제출하기로 되어있는 인증보고서가 미 제출인 경우로 되어있다.

(주2) lCER의 재발행에 대해서는 두 번째 이후의 인증 시에 탄소축적이 전번 인증 시보다 감소되어 있으면 다른 크레디트로 그 감소 분을 부속서 Ⅰ국이 하는 것으로 되어있다. 단, 부속서 Ⅰ국은 계약에 따라 보전책임을 사업자에게 전가할 수 있다는 견해도 있다.

(주3) 「약속달성에 사용한다」 하는 것은 보유계좌에 있는 tCER 또는 lCER을 국가의 상각(償却) 계좌로 옮기는 것을 말한다.

COP9에 있어서의 CDM 조림에 관한 논의의 경위

본문에서도 설명한 바와 같이 2003년 2월 2일부터 9일까지 이탈리아 밀라노에서 개최된 기후변화협약 제9회 당사국 총회(COP9)에서는 CDM 조림의 정의·운영규칙에 관한 논의(정식으로는 교토의정서 제12조 규정에 신규 조림, 재조림을 포함시키기 위한 정의 및 규칙에 관한 논의)가 가장 주목을 끄는 테마였다.

교섭은 SBSTA19 전체회합(plenary)에서 12월 2일의 첫날부터 9일의 최종일까지 이루어졌다. 실제의 교섭은 SBSTA 밑에 설치된 약 200명으로 이루어진 컨택트 그룹의 공개회합을 무대에서 실시하고, 그 사이사이에 있는 짤막한 협의(Consultation)는 20명 정도로 구성된 비공개의 Friends of Chair로 진행되었다. 즉, Friends of Chair, 컨택트 그룹, Plenary의 3단계의 교섭무대가 있었던 것이다. 그리고 중요한 고비에서는 주요 수국의 각국 대표책임자(heads of delegates)가 출석하는 비공개의 고위협의를 가졌다.

논의의 경위를 시간적으로 추적해 보면 최초의 포인트는 12월 6일 밤의 공동의장의 제안이었다. 공동의장(Krug과 Sach)은 "공동의장 안은 광범위에 걸친 곤란한 의제를 집중적으로 논의한 결과를 취합한 것으로서 모든 참가자가 만족할 수는 없는 타협의 산물"이라고 설명한 뒤에 이 안을 넓은 시야에서 검토해주기 바란다고 각국에 요청하였다. 이 공동의장의 발언은 CDM 조림 프로젝트를 두고 의견이 다양하고, 최종적으로 정리된 운영규칙이 복잡해서 프로젝트 실시에 있어서는 많은 과제가 있음을 시사하는 것이었다고 할 수 있다.

공동의장 안을 두고 최대의 고비가 된 것은 12월 8일 밤이며, Friends of Chair 회합에 이어 한밤 중에 고위층 협의를 가졌고 다시 12월 9일 새벽까지 교섭이 이어졌다.

이와 같은 경위를 거쳐 12월 9일 밤, SBSTA19 최종일의 전체회합(plenary)에서 「교토의정서 제12조 규정에 신규 조림, 재조림을 포함시키기 위한 정의 및 규칙」은 FCCC/SBSTA/2003/L27 문서로서 공동의장 안대로 채택되어 COP9 전체회합에서도 페루에서 약간의 의견이 있었으나 변경 없이 채택되었다.

이 SBSTA19에서의 삼림 흡수원 분야에 대한 일련의 교섭에 일본 대표단에서는 임야청 해외임업 협력실 및 환경성 지구환경국 연구조사실의 담당관이 주로 담당하여 회합에서의 발언이나 각국과의 절충 등에서 정말 정력적으로 끈질기게 활동

▶ COP9에 참가한 임야청 담당자와 필자
우측은 임야청 해외 임업협력실의
나가메 이치로(永目伊知朗) 씨

하고 있었다.

COP9에서의 CDM 조림에 관한 정의와 운영 규칙의 채택을 전문가는 다음과 같이 평가하고 있다. 「환경보전도 물론이거니와 각국의 생각이 복잡하게 뒤엉킨 어려운 작업이었으나 미묘한 균형을 유지하면서 최종적인 모습에까지 이끌어온 양 의장의 수완은 훌륭했다고 할 만하지 않을까.」 (POST-COP9 Seminar, GISPRI/IGES, 2003. 1. 21)

또한 COP9에서의 CDM 조림 프로젝트에 관한 주요 결정사항은 아래와 같았다.

① 추가성과 베이스라인 방법론 (Additionality and Baseline)
② 비영속성 (Non-permanence)
③ 환경, 사회·경제적 영향 (Environmental and Socio-economic impacts)
④ 소규모 CDM (Small-Scale CDM)
⑤ 침입성 외래수종과 GMO (Invasive alien species and genetically modified organism)
⑥ 기준년 (Base year of reforestation project)

2-9 CDM 조림이란? ③ 크레디트 발생기간

흡수원 CDM(CDM 조림) 프로젝트에서 발행·분배되는 크레디트 발생기간(crediting period)은 크레디트의 거래가격에 직접 영향을 미치게 되므로 프로젝트 참가자(사업자)에게 있어서는 중요한 문제가 된다.

이 크레디트 발생기간에 대해서도 2003년 12월에 개최된 기후변화협약 제9회 당사국 총회(COP9)에서 다음과 같은 합의가 이루어졌다.

즉, ① 단기적인 기한부 크레디트(tCER) 및

② 장기적인 기한부 크레디트(lCER)가 함께

- 20년, 2회 갱신(주) 가능 즉 (최장 60년)
- 30년, 갱신 없음

상기 가운데 하나를 선택할 수 있게 되었다. 또한 크레디트 발생기간의 시작점은 프로젝트 개시시기로 하는 것도 결정되었다.

한편 배출원 CDM(배출저감 프로젝트)의 크레디트 발생기간에 대해서는 COP7(마라케쉬 합의)에서 ① 7년·2회 갱신 가능(최대 21년)과 ② 10년·갱신 불가의 두 가지 옵션에서 선택 가능하다는 것이 결정되어 있다. 즉 CDM 조림 프로젝트에서 발행되는 크레디트(tCER 및 lCER)에 대해서는 배출저감 프로젝트보다도 장기의 크레디트 발생기간이 인정된 것이다. 이는 CDM 조림 프로젝트가 가지는 특수성 즉 수종과 지역에 따라 수목의 성장속도가 다르다는 것, 특히 반건조지나 재래수종의 경우에는 프로젝트 실시기간의 장기화가 불가피한 것 등이 배려되는 결과라 할 수 있다.

단, 프로젝트 참가자(사업자)는 tCER이나 lCER의 어느 것을 선택하더라도 유효기한이 있고(2-8 참조), 5년마다의 검증(인증보고서 제출)이 의무화되어 있다. 이 점이 배출원 크레디트(통상의 CER)와 크게 다른 점이다. 이 tCER 및 lCER이 안고 있는 특수성이 크레디트로서의 시장가치를 낮추는 결과가 되지는 않을지 우려되고 있다. tCER 및 lCER의 시장가치가 충분히 나오지 않으면 CDM 조림 프로젝트에 대한 참가자가 줄어 결과적으로 시장원리를 활용한 지구 온난화 대책이 정체될 우려도 생기게 된다.

추가성

추가성(additionality)이란 통상사업(business as usual : BAU)이 아닌 것 즉, 통상사업에 추가적인 것을 나타내는 요소를 말한다. CDM 조림 프로젝트는 통상사업(BAU)이 아닌 것이 확인되지 않으면 성립되지 않는다. 따라서 추가성의 내용(기준)을 어떻게 정의할 것인가 하는 것이 중요한 테마가 된다. 이 추가성의 문제를 포함하여 CDM 조림 프로젝트를 실시하는 데 있어서의 과제에 관해서는 3-7에서 상세히 설명하기로 한다.

「An afforestation or reforestation project activity under the CDM is additional if the actual met GHG removals by sinks are increased above the sum of the changes in carbon pools within the project boundary that would have occurred in the absence of registered CDM afforestation or reforestation project activity」

또한 CDM 제10회 이사회(EB)에서 배출원(배출저감 프로젝트)을 대상으로 하는 추가성의 증명방법이 다음 표와 같이 제시되었다. 이 표의 ③에 준거하면 사업활동이 직면하는 장애(barrier)를 표시하여 BAU로는 사업이 실시되지 못하고 CDM으로 비로소 실시된다는 것을 보이면 「추가성」의 증명이 되는 것으로 해석된다.

[표] CDM 제10회 이사회에서 제시한 「추가성」을 증명하기 위한 네 가지 방법 (배출원 프로젝트를 대상으로 함)

① 일어날 수 있는 베이스라인 옵션을 추적하는 설문군의 흐름도

② 달리 일어날 수 있는 옵션의 정성적 또는 정량적인 평가와, 왜 사업이 일어나지 못하는 옵션이 가장 많이 상정되는가 하는 지적

③ 제안된 사업활동이 직면하는 하나 또는 복수의 장애(투자 장애요인, 기술 장애요인, 사회적 제도 등에 의한 장애요인)의 정성적 또는 정량적인 평가

④ 사업형태가 제안된 사업분야의 일반적인 관습이 아닐 것, 또는 체약국의 법규·규제에 따라 요구되고 있지 않은 것에 대한 지적.

(주) 「갱신」이란 베이스라인(2-10 참조)의 업데이트를 말한다.

2-10 CDM 조림이란? ④ 베이스라인, 누출(Leakage)

흡수원 CDM(CDM 조림) 프로젝트를 실시하는데 있어서는 베이스라인과 누출을 어떻게 다루는가 하는 것도 중요한 과제가 된다.

베이스라인(base line)이란 CDM 사업이 없었다고 가정한 경우의 온실효과가스의 흡수량 또는 배출량에 관한 것을 말한다.

조림 프로젝트가 실시되지 않은 단계에서의 이산화탄소(CO_2)의 흡수량(또는 배출량)을 베이스라인으로 하고 조림 프로젝트 실시 후의 CO_2 흡수량(또는 배출량)과 비교함으로써 CO_2 흡수량(또는 배출량)의 증감을 정확하게 파악할 수 있다. 예컨대 프로젝트 대상지가 방치된 황폐지로서 관목지였다고 할 때 당연히 이 관목지에서의 CO_2를 흡수·고정하고 있다. 따라서 관목지의 CO_2 흡수량을 베이스라인으로 하고, 이 베이스라인과 조림에 따른 CO_2 흡수량과의 차이가 프로젝트의 CO_2 흡수량으로서 확인되는 것이다.

다음으로 누출(leakage)이란 CDM 조림 프로젝트를 실시함으로써 프로젝트 경계 밖에서 일어나는 CO_2 배출량(또는 흡수량)을 말한다. 'leakage' 란 어휘는 「누출」이란 뜻이다. 프로젝트의 「누출」을 없앰으로써 정확한 흡수량(또는 배출량)을 파악할 수 있게 된다. 예컨대 CDM 조림 프로젝트의 대상지에서 주민이 화전을 일구었다고 하자. 조림 프로젝트의 실시로 인하여 이 주민이 프로젝트 경계(project boundary) 밖으로 이동하고 거기서 화전을 일구어 CO_2 배출이 발생하면 이 CO_2 배출량은 누출로서 당해 프로젝트의 CO_2 흡수량에서 빼야 한다. 이밖에도 예컨대 산업조림 프로젝트를 실시함으로써 목재 공급량이 증가하고 시장가격이 저하되어 다른 조림지가 가격저하를 보충하기 위하여 벌채량을 늘린 경우 이 벌채량 증가에 따른 CO_2 배출량도 누출이 된다고 하는 견해가 있다.

바운더리

바운더리(project boundary)란 흡수원 CDM (CDM 조림) 프로젝트를 실시하고 있는 지리적 경계를 말한다. 바운더리의 범위를 실제로 조림 활동을 실시하고 있는 장소에만 한정하는가 또는 주위의 영향이 미치는 장소까지 포함시키는가에 따라 베이스라인, 누출을 다루는 방법이 영향을 받는다. 바운더리의 범위를 크게 잡으면 베이스라인의 양은 커지고 한편 누출은 작아진다. 반대로 바운더리의 범위를 작게 하면 누출은 커질 것으로 생각된다.

그러나 여기까지 누출의 범위를 넓히는 것은 계측이나 인과관계의 판정면에서 곤란하고 현실적으로는 무리일 것이다.

베이스라인과 누출의 해석은 2003년 12월에 개최된 기후변화협약 제9회 당사국 총회(COP9)에서 아래와 같이 합의되었다.

우선 베이스라인의 방법론으로서 프로젝트 참가자(사업자)는 다음의 세 가지 가운데에서 당해 프로젝트에 가장 적합한 것을 선택하게 되었다(① 및 ②는 배출원 CDM(배출저감 프로젝트)의 경우와 같다).

① 기존의 실질적 또는 과거의 탄소축적의 변화

② 투자에 대한 장애요인을 고려하여 경제적으로 매력적인 활동을 반영한 탄소축적의 변화

③ 프로젝트를 개시할 때 가장 많을 것 같은 토지이용을 반영한 탄

소축적의 변화

다음으로 누출에 관해서는 「CDM 프로젝트 경계 밖의 프로젝트에 기인하는 배출의 증가」로 정의되었다. 누출에는 마이너스(배출)의 영향만이 아니라 플러스(흡수)의 영향(정의 누출)도 있다고 지적되었으나 이것은 인정되지 않았다. 또한 프로젝트 경계 밖의(프로젝트에 기인하는) 흡수의 감소는 고려하지 않아도 된다.

2-11 CDM 조림이란? ⑤ 사회경제적·환경적 영향

2-2에서 설명한 바와 같이 흡수원 CDM(CDM 조림) 프로젝트를 실시하려면 프로젝트 참가자(사업자)는 프로젝트 설계서(PDD)를 작성하여야 한다. 이 PDD의 양식에 사회경제적·환경적 영향(Socio-economic and environmental impacts)에 관한 체크리스트를 넣을 것인지의 여부도 CDM 조림의 운영규칙 결정에 있어서의 중요한 논점이었다.

CDM 조림 프로젝트를 실시하는데 있어서 환경영향평가의 필요성을 부정하는 나라는 없지만 이를 호스트국의 기준과 판단에 맡길 것인지 또는 국제적인 기준을 마련하여 점검할 것인지에 따라 프로젝트 참가자(사업자)의 부담은 크게 달라지게 된다.

이 문제에 관해서는 2003년 12월의 기후변화협약 제9회 당사국 총회(COP9)에서 다음과 같이 결정되었다.

① 사업자가 사회경제적·환경적 영향에 관한 분석(analysis)을 실시하여 그 영향이 중대하다고 사업자 또는 호스트국이 판단하는 경우에는 평가(assessment)를 실시한다(배출원 CDM의 경우와 동일한 프로세스).

② 평가에 관해서는 국제적 공통기준이 아닌 호스트국의 기준·절차에 따라 실시한다.

아울러 프로젝트 설계서(PDD)의 일부로서 프로젝트 참가자(사업자)가 영향분석하기 위한 국제적 공통항목이 다음과 같이 예시되었다.

- 환경적 분석의 항목 : 수문학, 토양, 화재위험, 유해물 및 질병

- 사회경제적 분석의 항목 : 지역커뮤니티, 토착민, 토지보유, 지역고용, 식품생산, 문화·종교적인 지역, 목재상품으로의 접근성

침입성 외래수종과 GMO

흡수원 CDM (CDM 조림) 프로젝트의 운영규칙을 결정하는데 있어서 침입성 외래수종(invasive alien species)과 GMO(유전자변형체)의 취급도 논점의 하나가 되었다. 특히 노르웨이는 국제적으로 엄격히 규제해야 한다고 끝까지 주장하였으나 결국 COP9의 결정문에 「호스트국은 국내법에 따라 침입성 외래수종 및 GMO 사용에 관한 리스크를 평가할 것을 인식한다」고 하는 정신(精神)규정이 삽입됨으로써 결착되었다.

침입성 외래수종에 관해서는 IUCN의 리스트에 따라 사용 여부를 판단하도록 되어 있다. 몰리시마 아카시아(mollissima acacia) 등은 이 리스트에 올라있지만 열대에서의 조림수종으로 보급되어 있는 유칼리(eucalyptus)나 아카시아 망기움(acacia mangium)은 침입성 외래수종의 대상으로는 안되어 있다. 그리고 GMO에 관해서는 종래에 실시해온 집단선발 육종이나 교잡육종은 해당하지 않는 것으로 되어있다(임야청 자료에서). 또한 IUCN의 리스트는 WEB 사이트(http://iucn.jp/protection/species/ worst100.html)에서 검색할 수 있다.

2-12 CDM 조림이란? ⑥ 소규모 CDM 조림 프로젝트

2-7~2-11에서 해설한 흡수원 CDM(CDM 조림) 프로젝트는 배출원 CDM(배출저감) 프로젝트에 비하여 적용할 수 있는 개도국의 범위가 넓을 것으로 보인다. 특히 소규모 CDM 조림은 주민 참가형 조림 프로젝트 등으로 전개될 가능성이 높아서 개도국의 기대는 클 것으로 생각된다. 단, NGO 등이 소규모 CDM 조림 프로젝트를 실시하려면 CDM 운영규칙이나 절차의 간소화, 비용의 절감화가 요구된다.

그래서 배출원 CDM(배출저감) 프로젝트와 마찬가지로 CDM 조림에 있어서도 소규모 프로젝트를 대상으로 간소화 규칙을 설정할 것이 제안되었다. 이 문제(CDM 조림에 소규모 프로젝트를 인정하는지의 여부)는 개도국 간의 이해나 생각이 얽혀 큰 대립사항이 있었으나 2003년 12월에 개최된 기후변화협약 제9회 당사국 총회(COP9)에서 가까스로 인정함으로써 결착되었다. 아프리카, 중남미 제국의 강한 찬성의견에 반대파인 중국, 브라질 등이 의견을 굽힌 것으로 보고 있다.

COP9에서의 결정사항은 표2-12-1과 같으며 여기서 중요한 것은 다음 두 가지이다.

[표2-12-1] COP9에서의 소규모 CDM 조림 프로젝트에 관한 결정사항
(FCCC/SBSTA/2003/L27 ANNEX A(i)항)

(i)항「CDM 하에서의 소규모 신규 조림 및 재조림 프로젝트 활동」은 흡수원에 의한 인위적인 온실효과가스 저감량으로 환산하여 연간 8킬로 톤 CO_2 이하라고 하는 결과가 예상되며, 호스트 체약국이 규정하는 저소득 자치단체 및 개인이 개발하여 실시하는 것이다. CDM 하에서의 소규모 신규 조림 또는 재조림 프로젝트 활동이 연간 8킬로 톤

CO_2 이상의 흡수원에 의한 인위적인 온실효과가스 정미 제거량이라고 하는 결과를 가져오는 경우 과잉 제거량 분은 tCERs 또는 lCERs의 발행을 받을 자격을 갖지 못한다.

① CDM 조림 프로젝트에 의한 CO_2 흡수량이 연간 8킬로 톤CO_2 미만의 사업이 대상이 된다는 것. 또한 이 규정에 관하여 일본 임야청에서는 면적환산으로 300ha에서 1,000ha의 조림사업이 해당된다고 보고 있다.

② 저소득층의 커뮤니티와 사람들이 조림사업에 참여하는 것

즉, 연간 8킬로 톤CO_2 미만의 사업이고, 조림 대상지역에 거주하는 저소득층 사람들이 사업에 참가하는 것이 소규모 CDM 조림 프로젝트를 실시하는데 있어서의 조건이 되고 있다.

또한 이 소규모 CDM 조림 프로젝트에 관해서는 간소화 규칙이 2004년에 개최된 COP10에서 결정되었으나 검토시기의 제약 등 때문에 간소화 규칙에 관한 방법론 등의 기술적인 마무리는 이루어지지 않았다. 이들은 2005년 11~12월에 캐나다의 몬트리올에서 개최되는 COP/MOP(99쪽 주1 참조)를 위하여 CDM 이사회(EB)에 개발을 부탁하기로 하였다.

그리고 2005년 7월 12일, CDM 이사회에 설치되어 있는 CDM 조림 실무 그룹(A/R WG)이 「소규모 CDM 조림에 관한 간소화된 방법론집」을 발표하였다. 앞으로 의견수렴을 거쳐 안을 정리하여 2005년 11~12월의 COP/MOP에서 제출하기로 하고 있다.

여기서는 COP10에서 결정한 소규모 CDM 조림의 간소화 규칙과 2005년 7월에 A/R WG가 발표한 「간소화된 방법론집」의 요점을 소개한다.

1. COP10에서 결정한 소규모 CDM 조림의 간소화규칙(주1)

① **정의** : 당해 프로젝트의 연간 CO_2 흡수량이 8ktCO_2 미만. 이것은 조림면적으로는 대략 300ha~1,000ha 정도가 된다. 구체적인 카운트방법에 대해서는 a) 크레디트 기간의 어느 해에나 8ktCO_2을 초과하지 않는다, b) 크레디트 기간 전체(최장 60년)의 연 평균이 8ktCO_2을 초과하지 않는다—의 두 가지 옵션이 사무국으로부터 제시되었고 최종적으로는 절충안으로 각 검증기간(5년)의 연평균이 8ktCO_2을 초과하지 않는 것이 요건이며, 초과한 부분에 대한 크레디트 발행은 불가능하다고 되어 있다.

② **베이스라인** : 프로젝트 경계 내에서 현저한 탄소변화가 일어나지 않음을 보일 수 있는 경우에는 베이스라인의 값은 일정. 현저한 변화가 상정되는 경우에는 CDM 이사회에서 개발되는 삼림유형별 베이스라인 방법론을 활용하기로 되었다.

③ **모니터링** : 베이스라인의 모니터링은 불필요하며 현실 흡수량 측정을 위한 간소화된 모니터링 방법을 CDM 이사회에서 개발하기로 되었다.

④ **누출**(Leakage) : 프로젝트 실시로 인하여 각종 활동이나 사람을 경계 밖으로 몰아내는 일이 없음을 보일 수 있는 경우 등에는 계측 불필요하며 그 이외는 계측 필요하다. 계측의 가이드라인은 CDM 이사회가 개발하기로 하였다.

⑤ **번들링** : 번들링(Bundling)이란 복수의 소규모 프로젝트를 하나의 프로젝트로 일괄화 하는 것을 말하며, 프로젝트를 동일 참가자가 실시

하고, 각각의 등록기간이 2년 이내이다. 각 경계의 최단거리가 1km 이내인 경우에는 디번들링(de-bundling)으로 하여 번들링 하지 않도록 되었다.

⑥ **호스트국(개도국)에 대한 지원** : 개도국에서는 소규모 CDM 조림을 추진하기 위한 정보제공이나 커패시티 빌딩에 대한 지원요청, 선진국에 편재되어있는 지정운영기관(DOE)을 개도국에 설립토록 하는 지원 요청이 많았다. 논의결과 사무국에 대한 정보제공의 원활화, 그리고 선진국에 대한 커패시티 빌딩에의 지원 등을 결의에 담았다.

한편 DOE는 독립된 민간기관이며 직접적인 국가지원은 어렵다는 이유로 CDM 제도 전체 안에서 다루어야 한다는 개념에 따라 본 결의에서는 제외하게 되었다.

⑦ **과징금의 취급** : 통상규모의 CDM 프로젝트인 경우 발행되는 크레디트의 2% 분은 개도국 지원에 활용하기 위하여 공제되고, CDM 제도의 운영경비로 크레디트에서 당연한 비율을 공제하기로 되어있다 (2-1 참조).

이에 대하여 소규모 CDM 조림 프로젝트는 개도국의 저소득층이 개발, 실시하는 것이 전제로 되기 때문에 각국이 모두 수속에 소요되는 비용을 최소한으로 억제할 필요가 있다고 하여 개도국 지원에 충당하는 과금은 공제하지 않을 것이며 제도운용경비나 프로젝트 등록료에 관해서도 통상규모보다 낮게 설정하는 것으로 합의되었다.

⑧ 유효성의 심사, 검증·인증에 관해서는 동일한 지정운영기관이 실시할 수 있게 되었다.

2. 소규모 CDM 조림에 관한 간소화된 방법론집(주)

① **간소화 수단**(means of simplification considered) : A/R WG가 만든 방법론집에서는 통상규모의 CDM 조림에 비하여 대폭으로 간소화된 것이 특징이다. 예컨대 방법론의 대상이 되는 탄소 풀은 지상부, 지하부의 바이오매스로 하고 있다. 또한 프로젝트 경계 내의 탄소축적에 유의한 변화(significant change)가 없는 경우 프로젝트 개시 전의 탄소 축적을 베이스라인으로 한 크레디트기간 동안은 일정하다고 생각하고 베이스라인의 모니터링은 불필요한 것으로 하고 있다.

② **소규모 CDM 조림 활동의 유형** : CDM 조림 프로젝트의 다양한 가능성을 단순화하여 다음의 세 가지 유형으로 나눈다.

- Plantation: 재료 및 연료재 등의 목재제품을 주로 생산하는 단순림.
- Agro-forestry: 농업, 목축과의 혼합림(home garden도 포함).
- Restoration forests: 훼손된 지역(degraded area)이나 보호지역 등에서의 목재생산, 농산품생산을 가능케 하는 삼림.

통상의 CDM 조림 프로젝트에 비하여 보다 폭 넓게 해석할 수 있게 유형화되어 있다.

③ **적격지(eligible land)의 결정** : 1989년 12월 31일 시점에 삼림이 아니었던 것을 굿 프랙티스 가이던스(GPG)에 적혀있는 방법(원격탐사 등)의 하나 이상을 사용하여 실증하면 된다.

④ **베이스라인의 추정** : 베이스라인에 관한 탄소 풀 및 온실효과가스 배출의 선택 항에 다음과 같은 주목해야 할 내용이 적혀있다. 즉 소규모

CDM 조림 프로젝트에서는 지상부 바이오매스는 최대(most significant)라는 것. 지하부의 바이오매스는 베이스라인이나 프로젝트 시나리오의 지상부 바이오매스와 긴밀하게 결합되어 있다는 것, 토양탄소축적은 조림 활동에 의하여 점차 증가한다는 것 등이 있다.

이 기술내용과 상기 ①설명을 종합하여 생각하면 토양탄소는 계측대상에서 제외될 것으로 생각된다.

(주) SIMPLIFIED BASELINE AND MONITORING METHODOLOGIES FOR SELECTED A/R SMALLSCALE CDM PROJECT ACTIVITY CATEGORIES.
번역은 임야청 해외임업 협력실 자료에 준거하였음.

2-13 공동실시(JI)를 하려면?

선진국 간에 이루어지는 공동실시(JI)의 프로세스는 2-1에서 설명한 청정개발체계(CDM)보다는 간소하다.

[그림2-13-1] JI 프로젝트의 프로세스

프로세스	관계주체
① 프로젝트의 계획작성	프로젝트 참가자(사업자)
② 투자국, 호스트국의 승인	투자국, 호스트국 정부

제1트랙	프로세스	제2트랙
호스트국이 JI에 대해 참가자격이 있다면 제1 트랙	③ JI 프로젝트의 적격성 결정	(호스트국이 JI에 대한 참가자격을 충족하고 참가자격을 채우지 못한 경우) 인정독립조직(Accredited Independent Entity)
프로젝트 참가자(사업자)가 호스트국가의 합의 내용에 따라 모니터링	④ JI 프로젝트의 모니터링	프로젝트 참가자(사업자)
프로젝트 참가자(사업자)와 호스트국이 배출저감량(또는 흡수 증대량)을 결정	⑤ 배출측 저감량(또는 흡수증대량) 결정	프로젝트 참가자(사업자)와 호스트국(호스트국이 JI에 대한 참가자격을 채우지 못한 경우) 인정독립조직
⑥ ERU를 발행·이전		호스트국 프로젝트 참가자(사업자)

출처: 환경성 『도설·교토메커니즘 제3.1판』을 바탕으로 작성

JI 프로젝트는 온실효과가스의 배출저감목표가 설정되어 있는 선진국 간에서의 배출 할당의 획득·이전이며 선진국 전체로서의 총 배출 할당량을 바꾸지는 않기 때문에 당사자 간에 절차를 정할 수 있도록 되어 있다. 즉, 프로젝트 계획을 작성하여 투자국과 호스트국의 합의가 이루어진다면 JI 프로젝트를 실시할 수 있다(그림2-13-1의 「제1 트랙」).

JI 프로젝트에 의하여 발생한 크레디트인 배출 저감량(Emission Reduction Unit, ERU)은 호스트국이 발행하고 프로젝트에 참가하고 있는 투자국 또는 프로젝트 참가자(사업자)에게 이전된다.

단, 호스트국이 JI의 참가자격을 가지지 않은 경우에는 그림2-13-1에 표시한 제2 트랙의 절차를 밟아야 한다. JI에 대한 참가자격(교토메커니즘 참가자격)으로는 자국의 배출량·흡수량을 정확하게 산정할 수 있을 것, 배출 할당을 관리하는 국가별 등록부를 정비하고 있을 것 등이 있다.

「제2 트랙」의 프로세스를 밟는 경우에는 CDM과 유사한 절차가 필요하며 CDM 프로젝트의 지정운영기관(DOE)에 상당한 인정독립조직(Accredited Independent Entity)이 제3자 기관으로서 관여하여 프로젝트의 적격성 심사, 결정(determination)이나 배출 저감량(또는 흡수 증대량)을 결정한다.

또한 호스트국이 JI 의 참가자격을 가졌더라도 호스트국의 판단에 따라 「제1 트랙」이 아닌 「제2 트랙」을 선택할 수도 있다.

2-14 JI 프로젝트 계획을 작성하려면?

공동실시(JI) 프로젝트의 계획을 작성할 때에는 다음과 같은 사항을 유의하여야 한다.

우선 제1 트랙 및 제2 트랙에 공통되는 유의사항으로 ① 원자력시설에서 발생한 크레디트를 국가의 수치목표 달성에 활용하는 것은 삼가할 것, ② 흡수량 증대 프로젝트의 대상활동은 교토의정서 제3조 3항 및 4항에 관계되는 것에 한정할 것 등이 있다. 이 가운데 ②에 관해서는 삼림경영에 의한 크레디트에 관하여 호스트국 측에 발행량의 상한이 있다는 것에 대해서도 주의가 필요하다(2-15 참조).

JI (제2 트랙)의 관련조직

JI의 제2 트랙에는 당사국 총회(COP) 밑에 6조 감독위원회(Article 6 Supervisory committee, CDM 이사회(EB)에 상당)와 인정독립조직(Accredited Independent Entity, CDM의 지정운영기관(DOE)에 상당)이 설치되어 있다. 각각의 주된 기능은 다음과 같다.

- 6조 감독위원회…제2 트랙에 있어서의 실질적인 관리·감독기관. JI 프로젝트의 배출 저감량 결정, 인정독립조직의 인정, 인정독립조직의 인정기준·방법의 재검토 및 COP에의 권고, 베이스라인 설정, 배출량의 모니터링 방법에 대한 재검토, JI 프로젝트 설계서(PDD)의 상세화 등을 수행한다. 또한 6조 감독위원회는 제1회 COP/MOP에서 설립되어 운영비는 투자국, 호스트국, JI 프로젝트 참가자가 부담하도록 되어있다.
- 인정독립조직…제2 트랙의 실무상의 심사기관. JI 프로젝트 설계서(PDD)를 바탕으로 적격성 결정, ERU(배출 저감량) 결정 등을 수행한다. 인정독립조직으로 인정(Accredetation) 받기 위해서는 ① 법인(국제기관을 포함)

일 것 ② 충분한 인재, 자금적 안정성, 전문능력, 경제체제 등을 갖추고 있을 것 ③ 신뢰성, 독립성, 공평성, 투명성을 확보할 것 등의 기준을 충족하여야 한다.

또한 JI에 참가하는 국가는 프로젝트 승인에 관한 담당조직, 승인절차, 가이드라인을 조약사무국에 보고하여야 한다. JI 프로젝트에서 ERU(Emission Reduction Unit)가 발행되는 것은 2008년(제1약속기간의 개시 년) 이후이지만 2000년 시점에 개시되어 있는 프로젝트부터 JI 프로젝트의 대상이 될 수 있는 것으로 되어있다(개시의 정의는 미정).

다음으로 제2 트랙의 경우는 JI 프로젝트로서의 적격성을 인정 받기 위하여 프로젝트 설계서(PDD)를 작성하여야 한다. JI에 대한 PDD의 상세는 6조 감독위원회(Article 6 Supervisory committee)가 CDM의 PDD를 고려하여 교토의정서의 당사국 총회(COP/ MOP, 84쪽의 주1 참조)에서 심의하며 PDD에는 베이스라인 설정, 모니터링 계획, 환경영향 분석(또는 환경영향평가)을 포함하도록 되어 있다.

또한 베이스라인 설정, 모니터링 기준, 보고지침에 관해서는 6조 감독위원회가 CDM 이사회(EB)에서의 검토를 바탕으로 재검토하도록 되어있다.

2-15 ERU는 어떻게 발행·이전되는가?

공동실시(JI)의 크레디트인 ERU(Emission Reduction Unit)는 그림2-15-1과 같은 절차에 따라 발행, 이전된다.

[그림2-15-1] ERU의 발행·이전 절차

① 호스트국이 자국의 AAU(Assigned Amount Unit=초기할당량) 또는 RMU(Removal Unit)을 ERU(Emission Reduction Unit)로 전환한다.

▼

② ERU를 호스트국에서 JI 프로젝트 참가자(사업자)에게 이전한다.

출전: 환경성 『도설 교토메커니즘 제3.1판』을 바탕으로 작성.

우선 호스트국이 자국의 AAU(Assigned Amount Unit=초기할당량) 또는 RMU(Removal Unit)를 ERU(Emission Reduction Unit)로 전환한다. 즉 ERU 발행량에 따라 호스트국의 AAU 또는 RMU가 감소하게 된다. 이 때 JI 프로젝트 참가자는 배출 저감량(또는 흡수 증대량)과 ERU 발행량에 대하여 사전에 호스트국과 합의해 두어야 한다.

다음으로 ERU가 호스트국으로부터 JI 프로젝트 참가자에게 이전된다. 프로젝트 참가자가 사업자인 경우에는 국가별 등록부(national registry)에 당해 사업자의 계좌가 개설되어 있어야 한다. 이전된 ERU는 JI 프로젝트 참가자 간에 분배할 수가 있으며 이 경우에는 분배 비율을 사전에 정해둘 것, 그리고 공적자금을 활용하고 있는 경우에는 정부와의 분배 비율을 정해두어야 한다.

분배된 ERU는 1-11에서 설명한 바와 같이 배출량의 증가 분으로서 활용할 수 있지만 삼림 경영의 흡수원 활동 JI에 따른 ERU로 전환되기 전의 RMU의 발행량에는 각국별로 상한이 설정되어있다. 일본의 삼림 경영에 따른 크레디트의 발행량 상한은 마라케쉬 합의에서 1,300만 탄소(C) 톤/년으로 되어있기 때문에(1-7 참조) 4,767만 t(CO_2 환산) × (5년) = 2억3,833만 t-CO_2가 제1약속기간의 일본의 삼림 경영 흡수원 활동에 따른 크레디트 발행량 상한(ERU로 전환되어 가는 것을 포함)이 된다.

또한 신규 조림·재조림에서 JI 프로젝트에 의한 ERU 발행량에는 상한선은 없다.

2-16 배출권거래(ET)를 하려면?

1-10에서 설명한 바와 같이 교토메커니즘에 입각한 배출권거래(ET)는 교토의정서에 규정된 4종의 크레디트(AAU, ERU, CER, RMU)를 화폐화하여 이전·취득할수 있는 제도이다. ET의 절차에 관해서는 교토의정서나 마라케쉬 합의에서 명확하게 규정되어 있지는 않으며 표 2-16-1과 같은 흐름이 될 것이다.

[표2-16-1] 배출권거래(ET)의 절차

① 상거래의 합의

: 사업자(인수자, 매수자)가 타국에서의 배출 할당량의 공급자(인도자, 매도자)와 배출 할당의 취득·이전에 관한 상거래 상의 합의를 한다.

▼

② 거래 로그에 의한 확인

: 인도자가 자국의 국가별 등록부에 배출 할당의 이전을 요구한다.
국가별 등록부는 거래 로그(주)에 당해 배출 할당의 이전요구를 통지한다.
거래로그는 당해 이전·취득이 ET의 국제규칙에 비추어 문제가 없는지 확인한다.

▼

③ 배출 할당의 취득·이전

: 인수자가 배출 할당을 취득한다.

주: 거래 로그란 기후변화협약 사무국이 관리하는 컴퓨터에 의한 체크시스템이며
배출 할당의 이전·취득이 ET의 국제 규칙에 비추어 문제가 없는지 확인한다.
출처: 환경성 『도설·교토메커니즘 제3 판』을 기초하여 작성

배출 할당의 취득·이전이 정식으로 이루어지는 것은 배출 할당을 인도하는 국가와 인수하는 국가가 각각 교토메커니즘의 참가자격을 취득한 이후가 되며 대략 2008년 전후가 될 것이다. 단 2-16-1의 ①

상거래의 합의는 2007년 이전이 될 것도 예상된다.

이상은 교토메커니즘의 규칙에 따른 것으로서 주로 국가 대 국가의 거래를 주체로 하는 ET의 절차였으나 배출권거래에는 이 밖의 거래형태도 생각할 수 있다.

예컨대 기업 등이 자사의 온실효과가스 저감의무 달성을 위하여 실시하는 것으로서 이 경우는 국내에서의 기업간 거래가 주체이지만 기업 대 국가의 거래도 있을 수 있다. 구체적으로는 캡 앤드 트레이드(Cap and trade)와 베이스라인 앤드 크레디트(Baseline and credit)의 두 가지 방법이 있다. 전자의 구조는 1-10에서 설명한 바와 같으며 후자는 프로젝트를 베이스로 하는 것으로서 온실효과가스의 저감(또는 흡수량 증대) 프로젝트를 실시하여 얻은 크레디트를 거래하는 것이다. 즉 공동실시(JI)나 청정개발체계(CDM)에 의한 크레디트 발행과 이전 등도 광의로 보면 배출권거래에 해당한다.

[표2-16-2] 배출권거래(ET)의 제도설계를 위한 주요국·지역의 동향

동향	국가·지역 명
실시 중	영국, 덴마크, 노르웨이, RU, 미국(단 주정부 또는 민간 주도), 오스트레일리아(단 일부 주만)
검토 중	캐나다, 뉴질랜드, 네덜란드, 프랑스, 일본

또한 기업이나 개인 등이 배출권거래에 따른 크레디트의 차익을 목적으로 브로커를 경유하여 크레디트를 매매하는 가능성도 생각할 수 있다. 이렇게 본다면 배출권거래는 이미 움직이기 시작한 것으로 볼 수 있다. 표2-16-2는 세계의 주요국이 추진하고 있는 배출권거래의 동향을 나타낸 것이다. 2002년 4월에 실시한 영국의 배출권거래 제도

(OK 스킴)나 2005년 1월부터 개시한 EU역 내의 배출량거래 제도(EU ETS) 등은 일본으로서도 선행사례로서 참고할 점이 많기 때문에 3-1에서 다시 설명하고자 한다.

2-17 이산화탄소(CO_2)의 시장가격은?

지구 온난화 대책으로 삼림의 이산화탄소(CO_2) 흡수량이 주목을 끌게 됨에 따라 배출권거래(ET)나 공동실시(JI), 청정개발체계(CMD) 등에서 CO_2가 얼마에 거래되는가 또는 환경세(온난화 대책세·탄소세)가 도입된 경우의 세액(CO_2톤 당) 등에 대한 관심이 높아지고 있다. 교토메커니즘이나 환경세는 시장원리를 도입함으로써 온난화 대책을 보다 낮은 비용으로 효율적으로 추진할 것을 목표로 삼고 있다. 따라서 환경세에서는 CO_2 배출억제(휘발유 등 에너지사용 억제)에 최적의 세액을 설정하여야 하며 교토메커니즘에서는 CO_2 배출억제에 소요되는 비용(설비투자 등)과 시장에서 크레디트를 구입하는 비용이 서로 비교할 수 있어 사업자 등은 어느 쪽이 이익인가에 대하여 이해계산을 하게 된다.

CO_2 거래시장이 형성되면 CO_2의 시장가격은 수급밸런스, 한계저감 비용, 배출권거래(ET)에서의 벌칙규정의 벌금 등의 요소로 결정되리라 생각된다. 따라서 이들 요소의 최근의 주요동향에 대하여 설명하고자 한다.

1. 한계저감 비용

CO_2의 가격설정을 생각하는 경우 「한계저감 비용(한계 비용)」이라고 하는 지표가 종종 사용된다. 한계저감 비용이란 CO_2 배출량을 1톤 줄이는 데에 요하는 최저비용 즉, 그 이하로는 절감할 수 없는 비용(코스

트)을 가리킨다. 바꾸어 말하면 한계저감 비용이 높을수록 CO_2 저감에 필요한 비용이 더 들게 되는 것이다. 배출권거래(ET)의 기본적인 개념은 한계저감 비용의 평준화이다.

표2-17-1은 IPCC가 9종류의 모델을 사용하여 각국의 한계저감 비용을 분석한 결과 가운데 최대, 최소, 평균의 예측치를 탄소(C) 톤당 미국달러로 표시한 것이다. 평균치로 비교하면 일본은 330.5달러(CO_2톤 당으로는 90달러)로 가장 높다. 이어서 유럽이 211달러, 캐나다, 오스트리아, 뉴질랜드가 210달러, 미국 178달러의 순으로 되어 있다. 일본은 제1차 및 제2차 오일쇼크 때에 에너지절약을 적극적으로 추진한 결과로 CO_2 배출량을 현재보다 더 저감하려면 많은 비용이 소요될 것으로 예상되며 IPCC의 분석도 그것을 뒷받침하고 있다. 같은 현상을 기업 간에서도 볼 수 있으며 이미 에너지절약 대책을 완료한 기업과 전혀 준비도 안된 기업과는 한계저감 비용이 달라진다.

[표2-17-1] 한계저감 비용 (1990년)

(US$/탄소 톤)

	최대	최소	평균
일본	645	97	330.5
미국	322	76	178
유럽	665	159	211
CANZ	425	145	201

주: 유럽 : OECD 제국만. CANZ : 캐나다, 오스트레일리아, 뉴질랜드
출처: 「IPCC 지구 온난화 제3차 보고서」의 그림7-1, 표7-3에 의거하여 작성.

그런데 표2-17-1에서는 일본의 한계저감 비용이 가장 높은 것으로 산출되어 있는데 최근 국내에서의 실제 한계저감 비용에 관한 자

료를 구할 수 있었다. 2005년 5월부터 환경성 주도로 실시된 「자주 참가형 배출권거래 제도」(34개사가 참가. 191쪽 참조)에서 자주설정한 저감목표(CO_2-t)와 저감에 필요한 설비도입비용(보조금은 3분의1)(주1)에서 CO_2 1톤을 저감하는 데 필요한 비용이 산출되기 때문이다. 『닛케이 에콜로지』지는 저감단가는 약 2,000엔으로 되어있지만 보조금의 비용 대 효율성으로 보면 저감단가는 약 3,900엔/CO_2-t이 되는 것으로 계산하였다(주2). 따라서 이 3,900엔이 자주 참가형 배출권거래 제도에 참가한 34개사의 실질의 한계저감 비용이 되는 것으로 생각된다.

또한 일본경제신문이 2004년 말에 실시한 조사에 따르면 국내 주요 제조업에서 CO_2 1톤을 저감하는 데에 필요한 비용은 약 75,000엔으로 보고된 바도 있다.(주3)

2. 수급밸런스

CO_2의 시장가격은 앞에서 설명한 한계저감 비용의 관계에 따라 결정될 것이지만 이제까지의 동향으로 보면 실제로는 배출권거래시장에서의 수급밸런스에 따라 "시세" 기준으로 가격이 형성되고 있다.

CO_2 시장(탄소시장)이 형성되기 시작한 것은 2002년경 이후이지만 당초는 시장이라고 하기에는 작고 한정된 범위에서 거래가 이루어지고 있었다. 가격의 지표가 된 것은 네덜란드의 ERUPT, CERUPT(주4), 세계은행의 PCF(3-3 참조)(주5), 영국의 배출권거래 제도(UK스킴, 3-1 참조) 외에 영, 미 시장에 있어서의 CO_2닷컴사, 냇소스사 등 브로커(주6)

에 의한 선물거래 가격이었다. 2002년 후반 시점의 CO_2 거래가격은 CO_2닷컴사의 자료(주7)에 따르면 1 CO_2-t 당 1달러에서 7달러가 실적이고 시세는 3~5달러로 보고 있었다. 또한 세계은행의 자료에 따르면 PCF의 가격은 1 CO_2-t당 3.5~5.5달러로 추이하고 있었다.(주8) 즉, 2002년도 당시는 팔자보다 사자가 적은 「사자시장」(사자우위)였기 때문에 한계저감 비용에 비하여 파격적인 싼 가격으로 CO_2가 거래되고 있었다고 할 수 있다.

그 후 2005년에 들면서 3-1에서 소개하는 EU역 내의 배출권거래제도(EU ETS) 또는 UK스킴의 거래가 활성화하여 유럽시장에서의 CO_2 시장가격은 계속 상승하고 있다. 현재 세계 카본마켓의 지표가 되고 있는 EU ETS의 가격은 2005년 1월의 거래개시시점에 1 CO_2 t 당 €8.4 였던 것이 동년 7월 5일에는 €28.78로 3배 이상으로 올랐다 (그 후 약간 하락. 그림2-17-1, 주9). 런던의 국제석유거래소(IDE)에서의 배출권 선물거래에서도 2005년 4월부터 2개월 남짓동안 20% 가격이 상승하였다.

CO_2 시장가격 상승의 원인은 EU ETS, UK스킴의 거래가 본격화하여 수급이 견실해진 데 더하여 원유가격의 상승과 관련이 있다는 견해도 있다.

또한 EU ETS의 벌칙규정의 벌금이 1 CO_2-톤 당 €40이기 때문에 시장가격이 €40 정도까지 상승할지 여부가 흥미로운 점이다. 유럽의 기업경영으로서 이 EU ETS나 UK스킴에 있어서의 CO_2 시장가격은 큰 영향을 미칠 것으로 보이며 보다 더 CO_2 배출 저감노력이 요구될 것으로 보인다.

[그림2-17-1] EU ETS에서의 CO_2 거래가격의 추이

(2005년 6월 17일~7월 15일, 단위는 EUA)

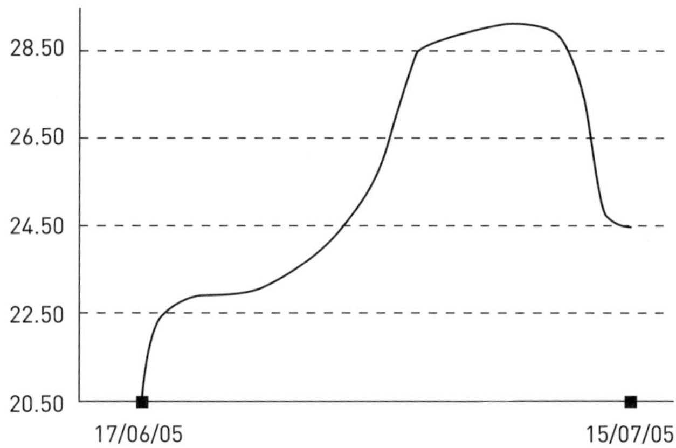

출전: http://www.pointcarbon.com

[표2-17-2] 탄소시장 CO_2 가격에 관한 주요 정보 소스

정보소스	개 요	인터넷 상의 액세스 주소(URL)
EU ETS 홈페이지	EU ETS정보 전반	http://europe.eu.int/comm/environment/climat/emission.htm
Point carbon	EU ETS의 시장가격 등을 제공. 단 상세정보의 Carbon Market Europe 등에 대한 액세스는 유료	http://www.pointcarbon.com/
EEX (European Energy Exchange)	독일의 에너지 관련 거래소. 프레스 릴리스로 CO_2 시장정보를 발신	http://www.eex.de/index.asp
UK스킴 홈페이지	UK스킴 정보 전반. DEFRA(환경식량지역성)의 홈페이지에서 액세스 가능	http://www.defra.gov.uk/environment/climatechange/trading/index.hem
미국 시카고 거래소(CCX)	CCX(Chicago Climate의 Exchange) 배출권 거래정보	http://www.chicagoclimatex.com/

주: 퍼시픽 컨설턴트(주)의 渡見達志 씨의 협조를 얻어 정리하였다.

이와 같이 탄소시장이 활성화하여 CO_2의 가격동향에 대한 관심이 높아짐에 따라 관련정보 서비스 등이 충실해지고 있다. 탄소시장이나 배출권거래에 관한 주된 정보 소스를 정리해보면 표2-17-2와 같다.

3. 장래의 CO_2 시장가격

장래의 CO_2 시장가격을 예측하기는 어렵지만 CO_2 시장가격에 크게 영향을 미치는 것은 러시아의 교토의정서 비준과 그 후의 핫에어 대책이다. 러시아의 온실효과가스 저감목표는 플러스 마이너스 제로(38쪽 참조)이지만 1990년 이후의 경제활동 저하로 인하여 CO_2 배출량이 저하되어 있어서 방대한 잉여배출 할당량이 발생할 것으로 보인다. 이 잉여배출분은 「핫에어」(Hot air)라 불리고 있으며 러시아가 이 핫에어를 어떻게 활용하는가에 따라 세계의 탄소시장(배출권 거래시장)의 수급밸런스는 크게 달라지게 된다.

(주1) 환경성의 「자주 참가형 배출권 거래제도」는 배출권거래 제도(ET)에 보조금을 결합하고 있는 점이 특징이다.

(주2) 『닛케이 에콜로지』 2005년 7월 호 14쪽, 닛케이BP사.

(주3) 『일본경제신문』 2005년 5월 18일 (조간 13면).

(주4) 네덜란드 정부에 의거한 JI, CDM에 상당하는 제도명.

(주5) 세계은행 Prototype Carbon Fund

(주6) 세계적인 배출권거래 기업은 현재 냇소스사와 CO_2닷컴사의 2개사이다. 양사 모두 미국기업이며 CO_2닷컴사는 거대금융·상품거래 업자인 캔터피츠제랄드사의 자회사이다. 일본에서는 냇소스사가 미쓰이상사와, CO_2닷컴사가 미쓰이물산과 타이업 하고 일본법인을 설립하여 활동하고 있다(3-1 참조).

(주7) 미쓰이물산/ CO_2닷컴 세미나 자료, 2002년.

(주8) CARBON FINANCE FACTS, THE WORLD BANK, 2002.

(주9) http://www.pointcarbon.com

2-18 삼림 흡수원 대책을 추진하려면?

1-5에서 설명한 바와 같이 일본은 국내 삼림에서 1,300만 탄소 톤(3.9%)의 이산화탄소(CO_2) 흡수량을 확보할 목표를 내걸고 있는바, 그러기 위해서는 「삼림·임업 기본계획」의 목표치에 따른 삼림정비를 추진하여야 하며, 현재의 삼림정비 수준으로 나가는 경우의 CO_2 흡수량은 약 860만 탄소 톤(2.6%) 정도에 불과한 것으로 추정하고 있다(표2-18-1의 하단 참조).(주1)

[표2-18-1] 2010년 경의 삼림의 순 흡수량 시산

케이스	성장량	목재 공급량	순 흡수량
목표달성	2,580만Ct (6,820만m^3)	1,270만Ct (3,400만m^3)	1,310만Ct (3,420만m^3)
현상 베이스	1,660만Ct (4,180만m^3)	800만Ct (2,150만m^3)	860만Ct (2,030만m^3)

주: 순 흡수량 난의 양(m^3)은 축적 증가량을 나타낸 것.
출처: 임야청 업무자료

2001년 10월에 있었던 내각에 의해 결정된 「삼림·임업 기본계획」의 목표대로 삼림정비가 이루어지면 2010년경에는 국내 삼림면적의 70%에 상당하는 1,750만ha의 삼림이 CO_2 흡수의 산정대상이 되어 그 성장량은 6,820만m^3이며 CO_2 흡수량은 2,580만 탄소 톤(주2)이 된다. 한편 2010년경의 목재 공급량(벌채량)은 3,400만m^3로서 CO_2 배출량은 1,270만 탄소 톤으로 예상된다. 이것을 차감한 순 흡수량은

1,310만 탄소 톤(주3)으로서 정부의 「교토의정서 목표달성계획」에 나와 있는 3.9%(1,300만 탄소 톤)의 목표치를 달성할 수 있다. 그리고 이 경우 CO_2 흡수의 산정대상이 되는 삼림 1,750만ha의 구성은 육성림(育成林)이 약 1,160만ha, 천연생림(天然生林)이 약 590만ha로 되어있다.(주4)

이 때문에 정부의 「교토의정서 목표달성계획」은 「삼림·임업 기본계획」에 따른 삼림정비의 추진과 흡수량에 대한 보고·검증 체제 정비를 추진하기 위하여 「지구 온난화 방지 삼림 흡수원 10개년 계획」(이하 "10개 년 대책"이라 한다)을 전개할 필요가 있다고 말한다.

[표2-18-2] 지구 온난화 방지 삼림 흡수원 10개년 대책의 목표

건전한 삼림 정비목표	육성림 전체 약 1,160만ha에 대하여 전국 삼림계획 및 동 계획에 입각하여 작성되는 지역삼림계획 등에 따라 다양하고 건전한 삼림정비를 전개
보안림 등에 대한 적절한 관리·보전 등의 추진목표	천연생림 약 950만ha을 포함하는 보안림 등 전체에 대하여 지정 목적에 따른 기능을 지속적으로 확보하는 등의 양호한 관리·보전의 실현을 지향
목질 및 목질 바이오매스 이용에 대한 추진목표	바람직한 삼림정비의 확보는 물론이며 순환형 사회의 형성, 지속가능한 사회 실현 등의 관점에서 삼림정비를 통하여 공급되는 목재자원의 이용을 추진
국민이 참여하는 삼림 만들기 등의 추진목표	보급계발 및 광범위한 국민의 직접참여에 따른 삼림의 정비·보전 활동이나 삼림환경교육을 추진

농림수산성은 2002년 12월에 「10개년 대책」을 결정해놓고 표2-18-2에 표시한 네 가지 목표를 내세우고 있으며 특히 목재 및 목질 바이오매스 이용을 추진하는 것에 중점을 두고 있다.

「삼림·임업 기본계획」에 따른 삼림정비를 추진하면 제1약속기간(2008년~2012년)의 중간 년도인 2010년 경에는 3,400만m^3의 목재

공급량(벌채량)이 예상된다(표2-18-1). 이 목재 공급량을 전제로 하여 동 계획은 2010년의 목재이용 목표량을 2,500만m³로 하여 국산재의 이용량을 2000년에 비하여 500만m³를 늘릴 것을 목표로 한다(표2-18-3). 즉, 국산재 이용을 추진하는 것이 일본의 온난화 대책을 추진하는 데 있어 중요한 과제의 하나로 인식되고 있는 것이다.

[표2-18-3] 목재의 용도별 이용목표 (단위 : 백만 m³)

	총 수요전망	국산 재 이용량	
		1999년	목 표
합 계	100	20	25
제재 용재	41	13	18
펄프·칩 용재	41	5	5
합판 용재	5	0	1
기 타	3	1	1

출처: 삼림·임업 기본계획

건전한 삼림정비와 목재이용 촉진에는 하나가 되어 추진해야 한다. 3.9%의 CO_2 흡수목표를 달성하기 위해서는 간벌이나 복층림화를 현재보다 더 추진해야 하며 벌채한 목재는 소비자의 요구에 맞게 가공하여 유통, 판매하는 것이 필요하다. 또한 국산재의 이용이 확산됨으로써 산촌과 지방경제가 활성화되고 고용기회의 증대와 사회안정을 도모할 수 있다는 것도 잊어서는 안될 점이다.

(주1) 임야청의 계산 결과.

(주2) 성장량에서 탄소의 흡수량을 산출할 때의 환산계수는 0.34~0.57을 적용. 환산계수는 확대계수, 용적밀도, 탄소함유율로부터 산출된 것 (2-20 참조).

(주3) 지구환경보전과 삼림에 관한 간담회, 흡수원 대책 합동 위원회 자료에 의함.

(주4) 육성림이란 ① 육성단층림(삼림의 일정 집단을 단번에 전부 벌채하고 재식림하는 삼림)과 ② 육성복층림(택벌(擇伐) 등으로 부분적으로 벌채하여 인위로 갱신하는 삼림)을 말하며, 천연생림이란 주로 자연의 힘을 이용하여 보전, 관리하는 삼림을 말함.

2-19 삼림 흡수원 대책에 공헌하는 삼림 경영이란?

1-6 및 1-7에서 설명한 바와 같이 2001년 10월~11월에 개최한 기후변화협약 제7회 당사국 총회(COP7)에서 채택된 마라케쉬 합의에서는 교토의정서의 제3조 4항에 적시되어있는 「추가적 인위적 활동」의 정의 즉 「삼림 경영」에 관한 명확한 정의는 하지 않고 각국이 각자의 삼림 경영의 실태에 따라 판단하여 적용하기로 하였다(마라케쉬 합의의 "삼림 경영" 관련부분은 표2-19-1 참조).

[표2-19-1] 마라케쉬 합의 (부속서: Annex)의 「삼림 경영」 관련부분

A. 정의 (Definition)	1. 교토의정서 제3조 3항, 4항에 입각한 토지이용, 토지이용 변화 및 임업활동에 관하여 다음의 정의를 적용한다. (f) 「삼림 경영」은 지속 가능한 방법으로 삼림의 생태학적(생물 다양성을 포함), 경제적, 사회적 기능을 충분히 발휘하는 삼림의 관리와 이용을 위한 일련의 작업이다. 1. For land use, land-use change and forestry activities under Article 3, paragraphs 3 and 4, the following definitions shall appry: (f)"Forest management" is a system of practices for stewardship and use of forest land aimed at fulfilling relevant ecological (including biological diversity), economic and social function of the forest in a sustainable manner;
B. 3조4항 (Article 3, Paragraph 4)	6. 부속서 I 국은 제1약속기간에 있어서는 3조4항에 입각하여 신규 조림, 재조림 및 삼림감소 이외의 인위적 활동, 즉 「식생회복」, 「삼림 경영」, 「농용지 관리」 및 「방목지 관리」 가운데 몇 가지 또는 모든 것에 기인하는, 인위적인 온실효과가스 발생원으로부터의 배출과 흡수원에 의한 제거를 계상할 것을 선택할 수 있다. 6. A party included in Annex I may choose to account foranthropogenic greenhouse gas emissions by sources and removal by sinks resulting from any or all of the following human-induced a ctirities, other than a forestation, reforestation and deforestation, under Article 3, paragraph 4, in the first commitment period, revegetation, forest management, cropland management, and grazing land management.

이에 따라 일본의 임야청과 환경성이 「흡수원 대책 합동검토위원회」를 설치하여 인위적인 활동을 한 것으로 간주되는 삼림에 대하여 검토하고, 다음과 같이 개념을 정리하였다.

① 1990년 이후 적절한 삼림시업(施業)(식재, 잡초 베기, 제벌·간벌 등의 행위)이 이루어지고 있는 삼림

② 법령 등에 따라 벌채·전용규제 등의 보호·보전조치를 취하고 있는 삼림

이 개념은 2000년 1월의 중앙환경 심의회 답신에도 표2-19-2와 같이 제시되어 있다.

구체적으로는 2-18에서 설명한 바와 같이 육성림 약 1,160만ha 및 천연생림 약 590만ha(국내삼림의 약 70% 상당)에서 표2-19-3와 같은 사항을 배려하면서 적절한 삼림시업 및 관리·보전행위를 실시해야 하는 것으로 제시하고 있다(필요한 삼림 정비량은 표2-20-1, 153쪽 참조).

[표2-19-2] 중앙환경심의회 답신 「교토의정서 체결에 대한 국내제도의 방향」에 관하여 (2002년 1월 24일)의 「삼림 경영」 관련부분

삼림·임업 기본계획에 제시된 기능발휘의 목표와 목재공급 및 이용의 목표대로 계획이 달성될 경우 의정서가 대상으로 하는 삼림 전체에서 기준년 대비 배출량 3.7%, 나아가 삼림 경영에 따른 획득 흡수량의 상한치 (1300만 탄소 톤, 기준년 대비 배출량 3.9%) 정도의 흡수량 확보가 가능할 것으로 추계된다(注). 한편 현재의 수준으로 삼림정비가 추이하는 경우 확보할 수 있는 흡수량은 3.7%를 대폭 하회할 우려가 있으며, 삼림·임업 기본계획에 따라 현상수준을 상회하는 페이스의 삼림정비, 목재공급, 목재의 유효이용 등을 착실하고도 종합적으로 실시할 것이 불가결하다.

(주) 3조4항에 해당하는 토지의 개념으로서 ① 1990년 이후 적절한 삼림시업을 실시하고 있는 삼림 및 ② 법령 등에 따라 벌채·전용규제 등의 보호·보전조치를 취한 삼림을 채용.

[표2-19-3] 온난화 방지에 필요한 삼림시업 등의 인위적 활동

육성림에 있어서의 인위활동	
1. 조림	벌채 후 조림함으로써 성장량에 알맞은 흡수량을 확보. 실시하지 않는 경우에는 삼림이 조성되지 않고 증가하는 흡수량은 없음. (삼목 1ha당 50년간의 흡수량은 약 170 탄소 톤)
2. 보육·간벌	조성한 삼림을 건전하게 육성함으로써 성장량에 알맞은 흡수량을 확보. 실시하지 않는 경우에는 충분한 성장을 확보할 수 없으므로 흡수량은 현저히 감소.
3. 복층림화	삼림의 성장량은 단벌기림분(短伐期林分)에 비하여 상대적으로 낮지만 (장점) ① 벌채로 인한 배출이 적다, ② 평균 축적량이 높다, ③ 최대 축적이 높다.
4. 벌채	교토의정서 상에는 배출로서 계상. 단 삼림의 적절한 관리·경영을 위해서는 필요하며 장래의 성장량 증대에 기여함.
5. 임지전용	교토의정서 상에는 배출로서 계상.
천연생림에 있어서의 인위활동	
1. 천연생림에서의 보전·관리	① 삼림이 타 용도로 전용되지 않을 것(삼림감소를 방지하고 있을 것), ② 법적 벌채규제 등에 따라 삼림보호가 이루어지고 있을 것, ③ 「지속 가능한 방법」의 관점에서 보호·보전사업으로 삼림의 기능유지가 적절하게 이루어 진다는 전제하에 인위성을 확보하여 향후의 심사·보고에 대응할 필요 있음.
2. 상기 1.에 해당하는 삼림	① 보안림…전용규제, 벌채규제 외에 벌채적지에 대한 식재의무, 치산사업 실시 등으로 삼림기능의 확보가 가능. ② 국유림에 있어서의 보호림…7종류의 보호림 각각의 설정목적에 적합한 전용규제, 벌채규제, 보전사업 등의 관리가 되고 있고 삼림기능의 학보가 가능. ③ 자연공원(제2종 특별지역까지)… 제2종 특별지역까지는 금벌(禁伐)·택벌(擇伐) 등 명확한 벌채규제가 있으며, 적절한 보전정비를 실시함으로써 삼림의 기능확보가 가능. 제3종 특별지역은 통상의 산업행위가 원칙적으로 허가되고 있어서 해당되지 않음.

출처: 임야청 업무자료

[그림2-19-1] 삼림에 의한 흡수량 보고에 관한 스케줄

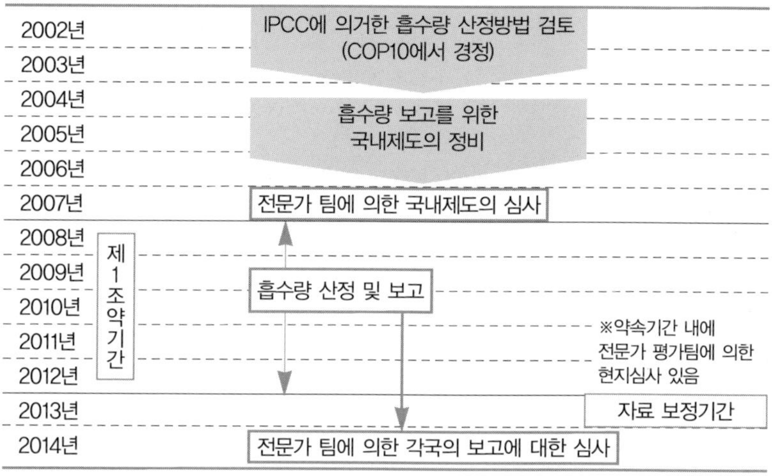

향후 교토의정서에 입각하여 설치되는 전문가 평가팀이 2007년에 각국 흡수량의 검증·보고체제에 관하여 심사하도록 되어 있으며, 이때 일본은 자신이 사용한 개념에 대하여 설명할 책임이 있다(제1약속기간 중에 전문가 평가팀에 의한 심사도 실시한다 그림2-19-1 참조).

또한 구체적인 흡수량에 대한 계측·추계기법의 지침이 되는 Good Practice guidance(GPG)에 대한 검토를 IPCC에서 실시하였으며 2004년 12월에 아르헨티나 부에노스아이레스에서 개최된 COP10에서 IPCC의 안이 채택되었다.

2-19 삼림의 이산화탄소(CO_2) 흡수량을 산정하려면?

일본 삼림의 이산화탄소(CO_2) 흡수량 산정방법에 관해서는 2004년 12월에 개최된 기후변화협약 제10회 당사국 총회(COP10)에서 GPG가 채택되어 구체적인 산정절차에 대한 지침이 제시되었다. 그 내용은 대략 아래와 같다.

우선 일정한 지역을 대상으로 하여 「삼림 경영」을 실시하고 있는 삼림을 선정해야 한다. 2-19에서 설명한 바와 같이 육성림 가운데 필요한 시업, 관리가 실시되고 있는 삼림과 천연림의 보안림 등에서 적절하게 관리되고 있는 것이 선정대상 삼림이 된다. 육성림에서 시업, 관리가 불충분한 것 및 천연림의 보안림 등에서 적절하게 관리되고 있지 않은 것, 그리고 계속적인 시업이나 경상적인 관리가 실시되고 있지 않은 천연림은 선정대상에서 제외된다. 따라서 간벌 등 필요한 시업이 실시되고 있는 삼림면적을 넓혀나가는 것이 3.9%의 흡수량을 확보하는 데 있어서 매우 중요하다. 임야청은 2006년~2012년에 필요한 삼림 정비량에 관하여 표2-20-1과 같이 제시하였다.

다음으로 지역별로 특정 삼림의 탄소 고정량 데이터베이스를 집계하여 국가에 제출한다. 이 경우에는 삼림부(주1) 정보의 집계나 성장 예상표(주2)에 의한 계산으로 수종, 임령(林齡) 등이 임상(林相)마다의 면적, 축적, 간재적성장량(幹材積成長量)을 정리하고 아울러 벌채량을 집계하게 된다.

[표2-20-1] 2006~2012년에 필요한 삼림 정비량 (연평균 사업량)

	연평균 사업량 (2006~2012년)
1. 식재	6만ha
2. 잡초 베기	35만ha
3. 간벌	45만ha
4. 복층벌에의 유도벌	3만ha
5. 동산 숲 등 정비	4만ha
6. 삼림 시업 도로 등 정비	2.79천ha

출전: 교토의정서 목표달성계획 참고자료에서 작성

그리고 지방으로부터 수집된 데이터를 바탕으로 전국의 탄소 흡수량을 계산한다. 이 계산은 기후변화협약 사무국에 대한 흡수량 보고에 사용되고 있는 다음 식(IPCC 가이드라인에 의거)(주3)으로 하게 되어있다.

> 간재적성장량×확대 계수×용적밀도×탄소 함유율 = 탄소 흡수량
>
> 탄소 흡수량-목재공급량(탄소환산) = 교토의정서상의 탄소 흡수량

이 식에서 확대계수는 가지나 잎, 뿌리를 포함한 임목 전체의 탄소량을 구하기 위하여 적용되는 것으로서 일반적으로 침엽수에서는 1.7, 활엽수에서는 1.8을 적용하고 있지만, 수종이나 임령, 입목밀도 등에 따라 차이가 있다.(주4) 또한 용적밀도는 체적 당의 건조중량을 구하기 위하여 사용되며 이것도 수종에 따라 다르다. 일반적으로는 전 수종 평균치인 0.45t/m³가 채용되며 IPCC 가이드라인에서도 0.45t/m³를 디폴트값(기정값)으로 하고 있다(51쪽의 칼럼 참조).

한편 탄소 함유량은 목재의 원소조성에서 0.50t/m³이 확정치로 사용되고 있다.

이상과 같은 절차와 개념에 따라 일본 삼림의 CO_2 흡수량이 산정된 셈이지만, 2007년에 실시되는 조약사무국의 심사(2-19 참조)를 해결하기 위해서는 각종 자료의 정밀도를 국제적으로 인정 받을 수 있는 수준에까지 높여야 한다. 앞에서 말한 확대계수나 용적밀도의 값을 어떻게 설정하는가 등 향후 검토할 과제가 적지 않다.

이 때문에 임야청은 2003년도부터 3개년 동안 다음과 같은 과제를 삼림종합연구소를 중심으로 지방자치단체, 대학 등과 연계하여 추진하고 있다.

① **탄소환산에 필요한 계수 등의 조정** … 지역이나 수종별의 기초데이터 수집, 토양 탄소 변화량 조사를 실시하여 탄소환산 계수 등에 대해 보다 정확성을 높인다.

② **삼림자원 정보의 정밀도 검증** … 전국을 대상으로 현지조사를 실시하여 면적, 축적 등의 자료 정밀도를 명확히 한다.

③ **전국 보고·집계체제를 정비** … 지방으로부터의 자료수집의 효율화를 도모하고, 전국 베이스의 흡수량을 산정·보고하기 위한 시스템을 개발한다.

또한 1997년에 일본정부가 조약사무국에 보고한 삼림분야에 있어서의 CO_2 배출·흡수량의 내용을 표2-20-2에 참고로 제시하였다.

[표2-20-2] 토지이용 변화 및 삼림부문에 있어서의 이산화탄소 배출·흡수량

(단위: 만 탄소 톤)

항목/연도	1990	1991	1992	1993	1994	1995
삼림 등 바이오매스의 변화	-8439	-8468	-8638	-9090	-9436	-9753
삼림초지의 전환	58	91	92	92	93	94
토지관리의 방기(放)	-	-	-	-	-	-
토양으로부터의 CO_2 흡수	47	112	176	218	260	197
기타	-	-	-	-	-	-
계	-8334	-8265	-8370	-8780	-9083	-9462

주: 마이너스는 흡수량을 표시.

출처: 「氣候變動に 關する國際連合協約條約」に基づく第2回日本國報告書, 1997年

(주1) 삼림부란 삼림계획업무를 위하여 지방자치단체 임무담당 부국(都都府県 林務担當 部局)이 관리하고 있는 각각의 삼림에 관한 데이터베이스를 말함.(위치, 면적, 수종, 임령 등)

(주2) 성장예상표란 지역별 토양 등에 따른 임지의 구분별, 수종별로 몇 년 생이고 어느 정도의 표준재적이 되는가를 표시한 것. 지역단위로 삼림축적의 변화를 산출할 때 사용.

(주3) Revised. 1996. IPCC. Guidelines for National GreenhouseGas Inventories; Reference Manual.

(주4) 확대계수 등 환산식의 개념은 松本光朗 「일본의 삼림에 의한 탄소 축적량과 탄소 흡수량」 ("삼림과학" No.33, 2001년 10월, 일본임학회 발행)을 참고.

3 전망편

1장 기초편 및 2장 활용편에서 살펴본 바와 같이 「교토의정서」가 발효되어 CDM 조림 등의 운영규칙이 확정됨으로써 삼림이 흡수 · 저장하고 있는 탄소에 착안한 새로운 비즈니스가 본격적으로 전개되기 시작하고 있다. 새로운 발상 아래 이제까지 없었던 시장을 창출하려는 움직임도 활성화되고 있다.

따라서 본 장에서는 세계의 탄소시장의 동향을 분석하는 동시에 세계 각지에서 추진되고 있는 삼림 비즈니스의 현상을 소개하면서 삼림에 어떤 새로운 가치가 부여되는가, 또는 어떤 가치를 창출할 수 있는가. 그 가능성을 탐색한다.

또한 「교토의정서」에 입각한 온난화 대책에서 최대의 문제점인 온실효과가스 저감의무에 대한 개도국 불참과 미국 등의 「의정서」로부터의 이탈이라고 하는 현실에 입각하여 이제부터 선진국이 수행하여야 할 의무와 책임을 밝혀나가고자 한다. 그리고 2013년 이후의 제2약속기간(포스트 교토)에 대한 장기적인 추진태세의 모습에 대하여 전망해보고자 한다.

3-1 세계의 탄소시장과 배출권거래 (ET)

배출권거래(ET)를 하는 시장을 가리켜 「탄소시장(Carbon market, 탄소시장)」이라 부른다. 2-16에서 설명한 바와 같이 교토메커니즘의 룰에 입각한 배출권거래가 본격화되는 것은 2008년 전후로 전망하고 있으나 이미 세계에는 다양한 탄소시장이 생겨나고 있다(그림3-1-1).

크게 나누어보면 첫째로, 교토의정서의 비준국에 의한 교토메커니즘에 입각한 탄소시장이 있으며 이것은 「교토 마켓」이라 불리고 있다. 둘째로, 미국이나 오스트레일리아 등, 교토의정서 비 비준국으로 이루어진 탄소시장이 있으며 이것은 「비 교토 마켓」이라 불리고 있다. 셋째로, 냇소스사나 CO_2닷컴사 등의 브로커가 중심이 된 민간 베이스의 개별시장(retail market)이 있다.

[그림3-1-1] 탄소시장 개념도

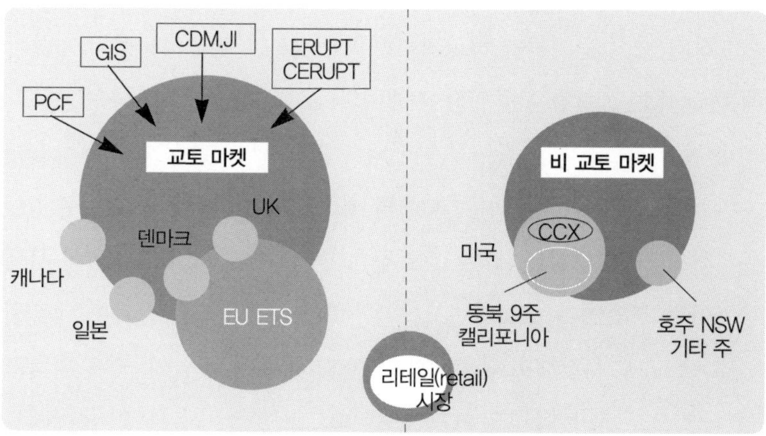

주: CCX : Chicago Climate Exchange (139쪽의 컬럼 참조)
출처: 『신정(新訂) 지구 온난화와 삼림 비즈니스』 (2004년) 그림3-1-1에 의거하여 작성

제2, 제3의 탄소시장도 운영 규칙은 교토메커니즘이 바탕으로 되어 있지만 그 내용은 약간 다르다. 다음에서는 각 탄소시장에 대한 개요와 배출권거래 제도의 선진 사례인 영국의 배출권거래 제도(UK스킴) 및 EU역 내의 배출권거래 제도(EU ETS)의 동향을 소개한다.

1. 교토 마켓

교토 마켓(또는 교토의정서 배출권 거래시장)에는 교토의정서 비준국 간의 국제거래와 각국별 거래에 따른 시장이 있으며 교토메커니즘의 운영 규칙에 따라 배출권거래가 이루어진다. 비준국 간의 국제거래는 배출 할당량의 취득·이전을 화폐화하여 이루어진다(1-10 참조). 한편 각국 내의 시장은 각국의 교토메커니즘에 관한 제도설계 내에서 검토되어 시장이 형성된다.

다음에 서술하는 영국의 배출권거래 제도는 2002년에 시작하여 선구적인 사례로 주목받았다. 2005년에는 EU ETS도 시작되어 세계 탄소시장의 중심적 역할을 하고 있다. 최근에서야 교토의정서의 비준아래 탄소시장이 형성되기 시작한 캐나다에서도 2008년 실시를 목표로 국내 거래제도에 대한 검토가 진행되고 있다.

한편 일본에서는 메에현(三重懸)의 배출권거래 시행사업(2002년도)을 위시하여 2002년부터 2004년에 걸쳐 환경성이나 경제산업성의 시행사업이 실시되었다. 2005년도부터는 환경성의 「자주 참가형 배출권 거래 제도」가 시작되고 있으나(3-9 참조) 유럽에 비하여 크게 뒤지고 있다. 앞으로 교토 마켓은 EU ETS를 축으로 영국, 캐나다의 국내제도가 연계하여 시장이 형성될 것으로 생각되므로 마켓 참가에 대한 일본의 대응이 지연될까 우려된다.

2. 비 교토 마켓

비 교토 마켓(또는 비교토의정서 시장)은 교토의정서에 비준하지 않은 미국과 오스트레일리아 중심으로 형성되는 카본 마켓이다.

이미 양국 내에서는 다양한 배출권거래 제도가 나타나고 있다. 이러한 배출권제도에 대해 양국이 하나의 마켓으로 형성할 것인지의 여부에 대한 전망은 분명하지 않으나 양국 내에 있는 개별적인 배출권거래 형태를 총칭하여 비 교토 마켓이라고 부른다.

미국의 시카고 기후거래 (CCX)

미국은 교토의정서에 비준하지 않을 방침을 취하고 있지만, 미국 내에서는 자주적인 배출권거래 제도가 태동하고 있다. 특히 주목되고 있는 것은 2003년 1월에 발표된 시카고 기후거래(Chicago Climate Exchange : CCX)이다. CCX는 당초 민간기업 13개사와 시카고시가 가맹하여 자주적 캡 앤 트레이드 방식에 의한 온실효과가스 배출저감 프로그램으로 시작하여 순차적으로 확대되어가고 있다. 가맹기업은 2006년까지 1998~2001년의 온실효과가스 평균배출량에서 4% 저감할 것을 약속하고, 흡수원 등 프로젝트 베이스의 크레디트를 활용할 수 있는 구조로 되어있다. 이밖에 캐나다에서는 GEAT(Greenhouse Gas Emissions Reduction Trading Pilot)이라고 부르는 자주적인 배출권거래가 이루어지고 있으며 유럽을 중심으로 다양한 방식이 나오고 있다.

특히 주목해둘 것은 미국시장의 동향이다. 2005년 7월에 뉴욕, 매사추세츠 등 북동부 9주가 공동으로 2007년에 배출권 거래시장을 개설할 것이라고 발표하였다. 배출권 거래시장의 정식명칭은 「지구 온난화 가스 저감계획」이며 발전소를 거래대상으로 하는 캡 앤 트레이드 방식으로 시작하여 장래에는 기업의 공장으로 대상을 넓힐 계획이다. 다음에 서술하는 EU ETS와의 연계를 검토하여 유럽 간의 거래를 가능케 하겠다는 생각도 하고 있다.(주1)

또한 캘리포니아주에서는 주 자체적으로 온실효과가스 배출저감목표를 공표하는 동시에 배출권거래 제도 도입을 검토하고 있다.

특히 미국 내 대기업에 대해서는 CSR(기업의 사회적 책임, Corporate Social Responsibility)의 관점에서 기관투자가나 시민단체가 온난화 대책의 강화를 엄격하게 요구하고 있다. 온난화 방지에 대한 기업활동을 체크하는 카본 디스클로저 프로젝트(CDP)도 세계적인 확산을 보이기 시작하고 있다.(주2)

앞 페이지의 컬럼에 소개하고 있는 시카고 기후거래(CCX)의 가맹기업은 당초의 13개사에서 확대하여 정식멤버는 34개사, 대학·자치단체 등의 기타 멤버(주3)를 추가하면 100개사 가까이에 이르고 있다.(주4) 이와 같은 상황으로 미루어 미국 내에서도 큰 탄소시장이 생길 가능성은 높다.

3. 리테일 마켓(Retail market)

리테일 마켓(Retail market)은 각 고객의 탄소거래(Carbon trade)를 브

로커가 중개하여 행하는 것으로서 브로커에 따라 개별거래의 시장이 형성된다. 세계적으로 거래를 확대하여 시장을 형성하려고 하는 대표적인 브로커로는 미국의 냇소스사와 CO_2닷컴사가 있다. 양 사 모두 일본을 유망한 시장으로 보고 있으며, 냇소스사는 미쓰비시(三菱)상사와, CO_2닷컴사는 미쓰이(三井)물산과 제휴하여 각각 일본법인을 설립하였다. 이들은 정보서비스 등의 활동을 3~4년 전부터 개시하고 있었으며 최근에 와서 제휴상사와 함께 사업을 본격화하고 있다. 미쓰이물산은 CO_2닷컴사와 합작회사를 설립하여 일본 국내외에서의 배출권거래나 CDM 지원사업을 계획하고 있다. 또한 미쓰비시상사와 스미토모(住友)상사는 낫소스사와의 제휴사업의 본격화를 검토하고 있다. 또한 마루베니(丸紅)도 전문조직으로 「배출권 비즈니스팀」을 설치하였다.(주5) 이와 같은 움직임으로 보면 일본에서의 국제적인 배출권거래는 거대 종합회사가 외자계 전문중개업자(브로커)와 손잡고 사업을 전개하는 새로운 비즈니스로 발전해나갈 것으로 보인다.

4. 영국의 배출권거래 제도 (UK스킴)

영국에서는 온난화 대책으로 기후변화세(1-14 참조)를 도입하였으나 UK스킴은 이 세의 도입에 반대하고 있던 산업계가 이것에 대한 대체 조치로 검토하여 탄생한 것이다.

UK스킴은 환경식량지역성(DEFRA)이 관할하고 있으며 광범위한 분야에서 많은 기업의 자주적인 참가를 지향하고 있다. 2002년에 발족하여 2007년까지 실시하기로 되어 있다.

UK스킴의 참가형태로는 「합의(협정) 참가자(Agreement participant)」, 「직접 참가자(Direct participant)」, 「프로젝트 참가자(Project participant)」의 세 가지가 설정되어 있다.

① **합의(협정) 참가자("기후변화세 협정"에 따른 참가)** … 이 스킴에 참가할 수 있는 기업은 기후변화세의 과세 대상인 에너지 다소비형 산업이다. 참가기업은 에너지소비, CO_2 배출에 관한 목표를 설정하고 정부와 협정("기후변화세 협정"이라 한다)을 체결하여 목표를 달성함으로써 기후변화세의 80% 감세를 받을 수 있다.

설정하는 목표에는 절대치목표와 원단위목표가 있으며, 목표는 2년마다 설정하고 목표달성 상황도 2년에 1회 확인한다. 이미 에너지 다소비형 산업의 44개 업종 10,500 사업소가 참가하였으나 전력회사는 기후변화세의 과세대상에서 제외되기 때문에 이 협정에는 참가할 수가 없다.

② **직접 참가자(인센티브 자금에 의한 직접참가)** … 기후변화세 과세대상 제외 기업이나 부문을 참가대상으로 하는 것으로서 CO_2 이외의 온실효과가스(GHG)도 대상이 될 수 있다. 참가기업은 자주적으로 배출 할당량을 설정하고 저감목표에 따른 배출 할당량을 준수함으로써 보조금(인센티브 자금)을 받을 수가 있다. 배출 할당량은 베이스라인(과거 3년의 배출량 평균)과 옵션(주6)으로 결정된 저감목표에 따라 결정된다. 이 배출 할당량에 따라 배출량이 할당되어 캡 앤 트레이드 방식에 따른 거래가 이루어진다. 영국정부는 인센티브 자금으로서의 보조금을 2002년부터 2006년까지 5년 동안에 총 2억1,500만 파운드 준비하고 있다.

③ **프로젝트 참가자** … 배출저감 프로젝트를 실시함으로써 배출 할당량을 획득하여 참가하는 형태이지만 이 스킴은 아직 시작되지 않고 있다.

[그림3-1-2] 영국 배출량 거래제도(UK스킴)의 구조

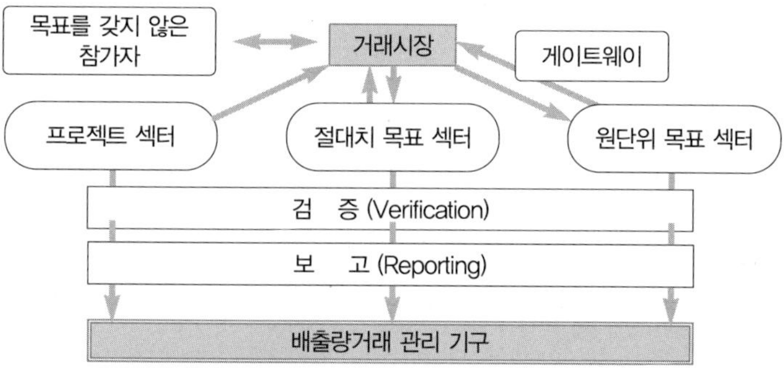

출처 : A Summary guide to the UK Emisssions Trading Scheme, Department for Environment, Foods & Rural Affairs (DEFFRA)

UK스킴의 특징은 그림3-1-2와 같이 거래의 구조를 다음의 세 가지 섹터로 나누고 있는 것이다. 참가하는 기업은 스스로 섹터를 선택할 수 있다.

① **제1 섹터** … 배출저감목표에 앞서 보인 절대치 목표를 선택한 기업을 절대치목표 섹터(Absolute sector)라 부른다. 과거의 배출실적을 바탕으로 배출 할당이 부여되는 그랜드파더링(Grandfathering : 무상분배) (주6)에 따라 참가기업은 배출 할당을 부여 받아 시장에서 자유롭게 거래를 할 수 있게 된다.

② **제2 섹터** … 원단위 목표 섹터(Unit sector)라 부르며 앞서 보인 원단위 목표가 설정되어 있는 계좌에서 절대치 목표가 설정되어 있

는 계좌에 대한 이전량(크레디트의 이전량)에 대해서는 제한을 두고 있다. 이 제한조치는 절대치 목표설정기업이 저감미달 성분을 원단위를 기반으로 하는 크레디트를 구입함으로써 대체시키지 않도록 즉, 절대적인 배출량이 증가하지 않도록 하기 위한 예방조치이다. 이 제한조치를 가리켜 「게이트웨이」라 부른다.

③ **제3 섹터** … 프로젝트에 기인하여 획득한 크레디트를 매매하는 섹터이지만 전술한 바와 같이 이것은 아직 발족하지 않았다.

UK스킴에 따른 배출권은 DEFRA의 배출권거래 관리기구에서 할당하고 정부가 발행한다. 앞서 보인 협정 참가자는 목표달성을 위하여 배출권을 구입하여 충당할 수 있고, 초과달성분에 대해서는 사후에 배출량이 교부된다. 직접 참가자에게는 결정한 저감목표에 따라 배출 할당량 상당의 배출량이 매년 할당되며 검증을 받은 후 시장에서 매매할 수 있다.

UK스킴의 2002년 3월 말까지의 거래량은 722만 CO_2t이었으나 대부분의 기업은 배출저감목표를 지켜 대량의 잉여 배출량이 발생하였다. 거래가격은 2002년 10, 11월에는 CO_2t 당 12파운드 대의 고가를 보였지만 배출량의 잉여가 표면화된 11월말에 5파운드로 급락되고 2003년 2월 이후는 3파운드 대로 떨어졌다. 거래가격이 하락한 이유로는 자주참가에 따른 목표설정의 허술함이 지적된 것 외에 대기업의 직접 참가자는 메탄이나 프론계 가스를 배출대상으로 하는 등 추가적 저감노력을 하지 않고 통상사업(Business as usual : BAU)으로 목표가 달성이 되어 이른바 「핫에어」를 얻은 기업이 있다는 소문도 있었다.

이와 같이 가격이 불안정하다라고 하는 문제가 있기는 하나 UK스킴은 참가기업도 많고 계획보다 많은 온실효과가스를 저감할 수 있었다는 평가가 있다.

그리고 2005년 봄 이후가 되면서 UK스킴의 CO_2 거래가격이 상승하기 시작하였다. 런던 국제석유거래소(IPE)에서의 가격추이를 보면 배출권 선물거래 개시 직후인 동년 4월 하순에는 1 CO_2t 당 17유로 였던 것이 6월 초순에는 20유로를 넘어 20% 상승했다고 보도되었다. 그 원인으로는 전력업계 사이에서 배출권에 대한 수요가 확대되었다는 것, 다음에 서술하는 EU구역 내 배출권거래 제도(EU ETS)가 2005년 1월에 시작되어 시장 참가자의 저변이 확대되었다는 것 등을 들고 있다.(주7)

5. EU구역 내 배출권거래 제도 (EU ETS)

유럽연합(EU)은 2005년 1월부터 EU구역 내에서 캡 앤 트레이드 방식에 의한 배출권거래 제도(Emissions Trading Scheme : EU ETS)를 개시하였다. 제철, 시멘트, 제지 등의 에너지 다소비시설을 대상으로 하고 있으며(표3-1-1) 「교토메커니즘」(CDM, JI)의 크레디트(ERU, CER)의 산입도 인정하고 있다.

이 EU ETS는 국가와 업종을 초월한 세계 최초의 국제적 배출량 시장으로서 순조롭게 움직여가고 있다. 「교토의정서」에 따른 배출권거래가 시작되는 2012년까지는 "교토메커니즘 시장"에 준하는 배출권의 주요 거래시장이 될 것으로 예상되고 있다.(주8) 또한 CDM이나 JI의 크레디트 가격에도 영향을 미칠 것으로 전망되고 있다.

EU ETS에서는 각 가맹국이 대상시설에 대하여 전용(專用)의 배출 할당량(EUA, 주9)을 교부하고, 각 시설은 각 연도 종료 후에 배출량과 동량의 EUA를 정부에 제출하도록 의무화하고 있다.

[표3-1-1] EU역 내 배출권거래 제도 (EU ETS)의 대상설비

섹터	대상설비
에너지 설비 (Energy sector)	폐기물 처리시설을 제외한 연소설비 (열 투입량 20MW 이상) 원유정제 코크스로
제철(Metals sector)	광석 소결(ores) 선철 제조(2.5t/시간 이상) 시멘트 소성(500t/일 이상) 석탄 소성 (50t/일 이상)
광석(Minerals sector)	유리 용해(20t/일 이상) 세라믹 생산(7.5t/일 이상)
기타(Others)	펄프 설비(20t/일 이상) 제지(20t/일 이상)

출처: 「AIR TRENDS SPECIAL REPORT」의 표를 필자 역.

그린 인베스트먼트 스킴 (Green Investment Scheme, GIS)

그린 인베스트먼트 스킴(Green Investment Scheme, GIS)은 일본에서는 그다지 알려져 있지 않지만 국제적으로 주목을 받고 있는 제도이다.

GIS는 교토의정서에 비준하고 있는 선진국 간에서의 배출권거래 제도(ET)를 바탕으로 하는 제도로서 AAU(1-10 참조) 등의 크레디트를 판매하여 얻은 수입의 용도를 환경보전에 유용한 프로젝트에 한정하는 것이 골자이다. 온실효과가스의 배출저감 노력을 하지 않아도 잉여 배출량을 판매할 수 있는 나라(예컨대 러시아의 핫에어, 2-17, 3-13 참조)에 대하여 크레디트 수입의 용도를 온난화 대책에 돌리게 하기 위하여 생긴 제도라 할 수 있다(핫에어 거래에 대한 비판을 피하는 의미도 있다.)

현재 중동 유럽제국이 GIS에 강한 관심을 보이고 있는 것으로 보이는 바, 앞으로 러시아가 일본과 같이 핫에어 구입에 신중한 나라에 대하여 이 제도

의 활용을 적극적으로 추천해 올 가능성도 있다.
GIS로 인하여 얻게 되는 자금은 시장경제 이행국가를 중심으로 수십억 달러에 이를 것으로 예상되고 있으며 이 제도를 제창하고 있는 IISD(International Institute for Sustainable Development)를 적절하게 운용함으로써 교토메커니즘의 유효한 활용에 이어진다는 견해가 나타나고 있다.
그리고 GIS에 관한 최신의 정보는 http://www.iisd.org 에서 얻을 수 있다.

배출권거래 개시시점(2005년 1월)의 배출권 가격은 1 CO_2t 당(이하 동) 8.4유로(약 1,200엔)이었던 것이 5월 27일 19.4유로(EUA2005, 약 2,500엔), 6월 24일 23.45유로(동, 약 3,050엔), 7월 5일 28.78유로(동, 약 3,740엔)으로 상승을 계속하고 있다.(주10) 이 가격은 시장의 수급 밸런스에도 따르지만 원유가격의 상승 영향 때문이라는 전망도 있으며(2-17 참조) 전력 및 연료와 배출권거래 사이에는 밀접한 영향과 상호 관계가 있는 것으로 보고 있다.(주8)

또한 EU ETS의 제1단계(2005~2007년, 제2단계는 2008년~2012년)의 참가국은 확대 EU 25개국 및 노르웨이이고 대상 산업분야는 표3-1-1에 표시한 전력을 포함한 에너지 다소비형(large emmieter) 산업 및 에너지 집약형 산업(energy-intensive)이다.

대상설비는 12,000시설 이상 있을 것으로 보이며(주11), 이들 대상설비의 CO_2 배출량은 EU의 총배출량의 45%, EU 전체의 온실효과가스(GHG) 총배출량의 30%를 차지할 것으로 보인다.(주12)

(주1) 『일본경제신문』 2005년 7월 5일부.

(주2) 카본 디스클로져 프로젝트(CDP)는 주주의 입장에서 기업의 온난화 방지에 관한 자세를 평가할 것을 지향하고 있음. 이 프로젝트에는 세계 95개 기관투자가(총자산 액 10조 달러)가 참가하고 있으며 일본에서는 UNEP 일본지부, 일본정책투자은행이 추진하고 있음.

(주3) 멤버에는 members(정식 멤버), participant members, associated members 등이 있음.

(주4) http://www.chicagoclimetex.com/about/members.html

(주5) 『일본경제신문』 2005년 7월 28일부 (석간 1면).

(주6) 배출권거래 제도에서 배출 할당량을 교부하는 대표적인 방법에는 옥션과 그랜드파더링이 있음. 옥션은 정부 등이 배출 할당량을 입찰 등에 따라 판매하는 방법이며 그랜드파더링은 배출 할당의 교부를 받는 주체의 과거(특정 년 또는 특정기간) 온실효과가스 배출량 등에 입각하여 배출 할당을 교부하는 방법.

(주7) 『일본경제신문』 2005년 6월 8일부.

(주8) 리 솔스베리 외에 『일경 에콜로지』 2005년 7월,

(주9) EUA란 EU의 초기 할당량에 대응하는 형태로 발행되며, EU ETS에서만 통용되는 EU 통화와 같은 것.

(주10) http://www.pointcarbon.com 2005. 5. 28, 6. 25, 7. 5

(주11) (주8)에 따르면 12,700시설(열 출력이 2만kW 이상의 화석연료공장의 전부와 발전소나 화석연료를 대량으로 소비하는 시설이 대상)

(주12) http://europa.eu.int/comm/environment/climat/emmission.htm

3-2 삼림 탄소거래를 중개하는 컨설턴트

교토메커니즘을 중심으로 하는 온난화 대책에 관한 컨설턴트 업무가 주목을 받기 시작하였다. 종래에는 외국기업 주도형으로 추진되어 왔으나 일본 국내의 싱크 탱크나 상사 등이 해외의 컨설턴트 기업과 손잡고 이 분야에 진출하는 움직임이 눈에 띄게 되고 있다.

일본국내에서 어떤 모양으로든 컨설턴트 업무를 하고 있는 기업에는 야코페리사(핀란드계), 트렉슬러 앤드 어소시에이트사(미국계), 행콕사(미국계), 미쓰비시증권, 중앙청산 PwC 서스테이너빌리티 연구소, 냇소스 재팬 사, CO_2닷컴사, 미쓰비시 종합연구소, 후지쓰 종합연구소, UFJ 종합연구소 등이 있으며, 개인으로는 마쓰오 나오키(松尾直樹)씨가 Climate Experts를 설립하여 활동하고 있다.

이들 가운데 삼림에 의한 이산화탄소(CO_2) 흡수 프로젝트로도 적극적인 업무전개를 보이고 있는 야코페리사, 트렉슬러 앤드 어소시에이트사, 미쓰비시 증권의 동향을 소개하고자 한다.

1. 야코페리사

야코페리사(또는 야코푸리사, JAAKKO PoYRY consulting)는 핀란드에 본사를 둔 제지산업과 임산업 관련 대형 컨설팅 기업이다. 이 회사는 전세계에 걸쳐 컨설팅 업무를 하고 있으며 교토메커니즘에 관한 컨설팅사업에 대해서도 오스트레일리아에서 선구적으로 관여하고 있다.

1-17에서 설명한 바와 같이 오스트레일리아의 빅토리아주, 뉴사우스웨일즈주 등에서는 삼림이 흡수하는 CO_2의 소유권을 「탄소권」으로서 법적으로 확립하고 있다. 또한 배출권거래(ET)에서도 흡수원(싱크) 크레디트를 인정하고 있다. 이와 같은 배경아래 야코페리사는 삼림소유자 또는 국내외의 투자가를 대상으로 흡수원(싱크)을 베이스로 하는 탄소거래(Carbon Trades) 업무를 전개하고 있다. 구체적으로는 의뢰자에 대하여 탄소감사(Carbon audit), 산출기법(accounting procedure)의 개발과 탄소 흡수량의 검증(verification of carbon sequestration)을 실시하고 있다. 이와 같은 업무를 수행함으로써 소유한 삼림의 CO_2 흡수량을 크레디트로서 팔기를 원하는 삼림경영자와 그 크레디트를 사고자 하는 투자가의 필요성을 고려하여 탄소거래를 성립시키고 있다. 그야말로 삼림탄소 비즈니스의 역군이라 할 수 있다. 이 회사는 이제까지 일본의 코스모 석유와 서오스트레일리아주의 Australian Plantation Timber사(APT사) 간의 탄소옵션거래(Carbon option trade, 171쪽 참조) 또는 뉴사우스웨일즈 주유림과 델타에너지사 간의 탄소거래를 성립시킨 실적이 있다.

야코페리사는 삼림탄소 프로젝트(carbon forestry project)의 관건이 되는 요소로서 ① 수종, ② 성장량, ③ 리스크 매니지먼트, ④ 조림 전의 토지이용 상태, ⑤ 교토의정서와의 적합성, ⑥ 탄소 어카운팅 방법—의 6개 항목을 들고 있으며 특히 어카운팅 방법과 리스크 매니지먼트에서 선구적인 기법을 개발하였다. 어카운팅 방법은 2-7에서 설명한 바와 같이 CDM 조림 프로젝트를 실시하는 데 있어서 가장 큰 과제가 되어있지만 야코페리사는 오스트레일리아 정부가 개발한 흡수원의 어카운팅 방법인 CAMFER 모델을 기초모델로 하고 여기에 독자적인 기술을 개량하여 실용화하였다. 어카운팅 방법의 자세한 내용은 기업비밀로 되어있으며 삼림의 CO_2 흡수량에 대해서는 리스크를 고려하여 다소 적게 계상하도록 하고 있으며 토양의 탄소축적에 대해서는 탄소를 배출하는 리스크를 고려하여 안전율을 곱하고 있다고 한다.(주1)

또한 리스크 매니지먼트는 투자가가 상정한 탄소 흡수량을 획득할 수 있는지의 여부를 판단하는 것이 중요하므로 야코페리사는 기본적으로 포트폴리오 방식을 채용하고 있다. 구체적으로는 흡수원 크레디트의 대상이 되는 각각의 삼림에 대한 리스크율을 선정한 뒤 몇 개의 삼림을 조합하여 전체를 삼림 풀로서 리스크 관리하는(리스크를 hedge(공매)하는) 방식을 취하고 있다. 이 포트폴리오 방식은 원래 행콕사(3-5 참조)가 도입한 것으로서 오스트레일리아에서는 일반적인 개념으로 되어 있다.

이와 같이 야코페리사의 어카운팅이나 리스크 매니지먼트의 개념은 현실적이고 능률적이라 할 수 있다.

야코페리사는 일본에도 2001년 10월에 거점을 구축하였다. (주)코포레이트 디렉션(CDI)과 제휴하여 야코풀리CDI 컨설팅사를 설립하고 제지·삼림산업 및 환경분야에 특화한 컨설팅업무를 개시하고 있다. 업무내용에는 기후변화 관련이나 교토메커니즘 관련을 구체적으로 들고 있지는 않으나 전술한 오스트레일리아에서의 실적으로 미루어 일본에서 이 분야의 비즈니스 기회가 있다고 판단되면 공동실시(JI)나 청정개발체계(CDM)와 관련된 컨설팅에 진출할 것으로 보인다.

2. 트렉슬러 앤드 어소시에이트사

트렉슬러 앤드 어소시에이트사(Trexler and Associate, Inc.)는 미국 포트랜드에 본사를 둔 컨설턴트 기업으로서 1991년에 설립되었다.

이 회사는 미국의 기업이나 정부기관, 국제기관을 고객으로 하여 온난화 대책 전략이나 배출량저감 프로젝트의 컨설턴트 업무 등을 행하고 있다. 2002년 7월부터는 스미토모 상사와 제휴하여 일본에서도 본격적인 활동을 시작하고 있으며 기업의 온난화 대책 관련 포트폴리오 작성, 배출저감 프로젝트의 기획·입안이나 배출권거래에 관한 컨설턴트 업무 등을 다루고 있다.

트렉슬러 앤드 어소시에이트사는 교토메커니즘의 ET, JI, CDM의 컨설턴트 업무에도 진출하고 있으며 이미 CDM 프로젝트의 개발·실시에 관한 가이드라인을 작성하였다. 작성된 가이드라인 가운데에는 프로젝트 흐름도에 입각한 베이스라인, 추가성 등 CDM을 실시하는 데 있어서의 요점이 설명되어 있다.

단, 이 회사의 트렉슬러 사장에 따르면 CDM이나 JI의 조림 프로젝트에 관해서는 신중하고, 흡수원(싱크) 크레디트에 관해서는 비영속성이나 어카운팅 등의 과제가 기후변화협약 당사국 총회(COP)에서 확정될 때까지는 경제적 불확실성이 크다는 입장을 취하고 있었다. 이 회사의 경영안내 팜플렛에서도 「장래 국제적인 정책에 따라 어느 계산방법이 기준으로서 결정될 것이냐 하는 것이 삼림 프로젝트의 경제성에 큰 영향을 미친다. 이 점을 기업 관계자가 이해하는 것이 중요하다」는 견해를 보였다.(주2)

또한 트렉슬러 사장은 전직인 세계자원연구소(World Resources Institute : WRI) 시절에 과테말라에서 사회임업 프로젝트에 종사한 적이 있다. 이 프로젝트는 1989년에 미국의 전력회사가 전력생산 시의 CO_2 배출을 상쇄하기 위하여 과테말라에서 삼림을 보전·조성한 것으로서 흡수원(싱크)에 의한 배출상쇄 프로젝트로서는 세계에서도 선구적인 것이다. 또한 코스타리카에서 ECOLAND 삼림보전 프로젝트를 실시한 경험이 있으며 이 프로젝트는 1993년에 클린턴 정권이 기후변화 활동계획(Climate Change Action Plan)의 일환으로 착수한 실험적인 사업(United States Initiative on Joint Implementation : USAIJ)으로 미국 주도의 JI 프로젝트로는 최초의 것 가운데 하나로 되어있다.

이와 같이 동사는 삼림관계 프로젝트에도 정통하기 때문에 시기가 오면 일본에서도 CMD나 JI의 조림 프로젝트에 관한 컨설턴트 업무를 적극적으로 전개할 것이다.

3. 미쓰비시 증권

미쓰비시 증권은 일본의 기업 가운데에서는 선구적으로 CDM 안건 등의 컨설팅에 관여해왔다. 미쓰비시 증권 내의 클린에너지 파이낸스 위원회(CEF위원회)가 담당부서로서 설치되어 있으며 전임자 2명, 애널리스트 2명으로 구성되어 있다. 위원장인 하타노 준지(波多野順治)는 CDM 안건에 정통한 전문가로도 알려져 있다.

CEF위원회의 목표는 재생가능 에너지 안건을 금융면에서 지원하는 것 환경가치를 금전적 가치로 변환하는 프로세스를 지원하는 것이며 다음 4개 항목을 주된 컨설팅 업무로 삼고 있다.

- 전체평가(CDM의 가능성 검토)
- CER(인증 배출 저감량, 1-2 참조)을 포함하는 종합적 재정적 조언
- CER 취득을 위한 종합적 지원
- CER 판매에 관한 조언

컨설팅의 필요성은 세 번째의 CER 취득을 위한 종합적 지원에 관한 것이 많다고 되어 있으며, 구체적으로는 프로젝트 설계서(PDD)의 작성이나 검증(validation) 절차에 대한 조언·대행, 호스트국과의 절충지원, 지정운영기관(DOE)에 관한 조언, 현지 파트너에 대한 설명지원, CDM 관련 퍼블릭 코멘트 대응에 대한 조언 등을 들고 있다.

PDD 작성실적은 이미 여러 건이 있으며 재생가능 에너지 분야에서는 바이오매스 연료에 의한 발전 프로젝트를 태국에서 2건, 말레이시아에서 1건 처리하였다. 또한 메탄 배출저감 프로젝트를 필리핀에서 2건, 말레이시아에서 1건 실시한 실적이 있다.

CEF위원회의 목표나 멤버의 구성으로 보아 앞으로도 CDM 분야에서는 바이오매스 에너지 발전이나 메탄 관련 등의 컨설팅업무를 전개해나갈 것으로 보인다.

(주1) 필자가 2002년 2월에 오스트레일리아의 캔버라 및 12월에 멜버른의 야코페리사를 조사단으로서 방문하였을 때의 청취내용에 따름.

(주2) 필자가 2001년 11월에 트렉슬러 사장과의 면담 시의 청취내용에 따름.

3-3 세계은행의 탄소기금

세계은행은 지구 온난화 방지에 여러 측면에서 관여하고 있으며 교토메커니즘의 추진에 관해서도 적극적인 자세를 보이고 있다.

이미 세계은행 판의 공동실시(JI) 및 청정개발체계(CDM)이라 할 수 있는 「프로토타입 탄소기금(PCF)」으로 많은 실적을 올리고 있는 것 외에 「커뮤니티 개발 탄소기금(CDCF)」과 「바이오 탄소기금(BCF)」도 설립하고 있다. 이 가운데에서 PCF와 BCF의 개요를 설명하고자 한다.

1. 프로토타입 탄소기금(PCF)

프로토타입 탄소기금(Prototype Carbon Fund : PCF)은 온실효과가스(GHG) 저감시장에 개인이나 공적투자가를 연결할 목적으로 2000년 1월에 설립되었다. 『PCF 2002연차 보고서』에 따르면 PCF는 교토의정서의 협약에 따라 온실효과가스 저감시장을 만드는 개척자의 역할을 다하는 것을 사명으로 하고 있으며 다음과 같은 구조에 따라 추진되고 있다.

우선 세계은행이 국가나 기업의 출자를 모아서 기금(PCF)을 조성한다. 그리고 개발도상국이나 시장경제 이행국(구 동유럽 등)에서의 온실효과 저감·흡수 프로젝트에 투자하여 거기서 얻게 되는 온실효과가스 저감(흡수) 크레디트를 출자자에게 환원하도록 하고 있다. 투자안건은 에너지효율화나 바이오매스, 풍력, 수력발전 등 청정에너지 관련 프로젝트 등이 많으며 루마니아에서의 6,700ha의 신규 조림 프로젝트도 대상으로 되어있다.

PCF의 기금조성액은 1.45억 달러이며 활동종료 예정인 2012년까지 25~30건의 프로젝트를 계획하고 있다. PCF에 대한 출자자는 캐나다, 네덜란드, 핀란드 등 6개국이고, 일본정부도 국제협력은행(IBIC)을 통해서 출자하고 있다. 또한 민간기업 17개사도 출자하고 있으며 일본에서는 도쿄전력 등의 전력회사 6개사와 미쓰이 물산, 미쓰비시 상사의 합계 8개사가 참가하고 있다.

PCF의 「프로토타입」이란 원형 또는 모범의 뜻이며 기후변화협약 당사국 총회(COP)에 있어서의 교토메커니즘의 규칙 제정에서도 문자 그대로 모범 역할을 해오고 있다. 2001년의 COP7에서 채택된 마라케쉬 합의에도 PCF의 경험과 사례가 반영되어 있다. 또한 지정운영기관(DOE)의 심사인, 검증인 연수의 사례연구 교재에도 PCF의 프로젝트가 참고사례로 쓰이고 있다.

2. 바이오 탄소기금(BCF)

바이오 탄소기금(Bio Carbon Fund : BCF)은 이를 테면 PCF의 동생에 해당되는 것으로서 개도국의 소규모 조림이나 삼림관리 프로젝트 등 흡수원(싱크) 프로젝트에 중점을 둔 기금이다. BCF는 온실효과가스의 저감, 생물다양성의 유지, 가난한 나라들의 지역 커뮤니티의 생활개선이라고 하는 세 가지 목표를 시장 메커니즘을 활용하여 달성할 것을 목표로 삼고 있다. 세계은행은 기술자문위원회(Technical Advisory

Group, TAG)를 설치하였으며 이 TAG가 BCF의 룰 작성 등의 프로젝트에 대한 기술면에서 조언을 하고 있다.

TAG는 10명의 위원으로 구성되어 있으며 아시아지역에서는 인도네시아의 다니엘 무르디욜소 씨(보골 농대 교수), 중국의 린 엘다(중국농대 교수) 외 3명이 참여하고 있다. 또한 미국 윈록 연구소의 샌드라 브라운 박사와 국제 NGO 포레스트 트렌드의 사라 셸 등 국제적으로 지명도가 높은 전문가들도 위원으로 이름이 올라있다.

BCF는 2002년 11월에 도쿄도 시부야구의 UN대학에서 개최된 카툼바회의 석상에서 발표되었다. 그 후 2004년 5월 14일에 도쿄전력이 2020년까지 250만 달러 출자계획 발표를 접수하는 등 세계은행은 BFC의 운용개시를 선언하였다. 기금의 규모는 1억 달러이며 약 10개사가 출자를 검토하고 있다.

카툼바 회의

▲ 카툼바V에서 BCF에 관하여 발표하는 세계은행 관계자

카툼바(KATOOMBA) 회의는 미국의 NGO, 포레스트 트렌드(Forest Trends)가 기획·개최하고 있는 국제회의이며 삼림이 가진 갖가지 환경기능 특히 CO_2 흡수, 물 보전, 생물의 다양성 보전을 적절하게 경제적으로 평가하여 가치를 부여하고 시장경제와 환경보전의 양립을 도모할 것을 테마로 하여 검토를 계속하고 있다. 일본에서는 2002년 11월 5일과 6일에 도쿄도 시부야구의 UN대학에서 5차 회의(카툼바V)가 개최되어 국내외에서 약 250명이 참가하였다. 회의의 주요안건은 「에코 시스템이

만들어내는 가치의 활용 : 환경자산 시장의 개발」이고 교토메커니즘과 삼림의 연관성에 관해서도 중요한 화제로 채택되어 CDM이나 배출권거래를 활용한 삼림에 대한 투자가능성 등에 대하여 각 분야의 발표가 있었다. 이 회의는 산관학 및 NGO에 의한 공동개최의 형식을 취하고 있으며, 카툼바V의 경우 기업에서는 스미토모 임업, 미쓰비시 상사, 일본제지, 도쿄전력 등, 국제기관에서는 UN대학, 세계은행, ITTO, CIFOR 등, NGO에서는 TNC, CI 등이 공동개최자로 되고 임야청, 환경성이 후원하였다. 카툼바는 오스트레일리아 시드니 근교의 지명이며 포레스트 트렌드(Forest trends)의 첫 번째 국제회의가 개최된 곳임을 기념하여 이 이름이 회의의 명칭으로 되었다.

일본에서는 오키나와전력이 재빨리 참여를 표명한 데 이어 스미토모 화학(주), 석유자원개발(주) 등이 출자할 것을 발표하였다. 미국기업에서는 제네럴모터즈가 출자표명을 한 것 외에 듀퐁, 다우케미컬도 출자를 검토 중이라고 전하고 있다. 미국기업이 BCF에 적극적인 관심을 보이고 있는 것은 미국정부가 교토의정서 불참방침을 취하고 있는 것으로 인하여 미국기업에 대한 유럽 등지에서의 비난이 예측되기 때문이다. 이에 따라 BCF 등에 출자함으로써 기업 이미지를 다소나마 회복하려는 속셈인 것으로 보인다. 또한 대기업을 중심으로 CSR(기업의 사회적 책임)에 대응하는 면에서도 BCF를 통하여 온난화 대책에 참여할 움직임이 보인다. 기업 이외에서 BCF에 출자표명을 하고 있는 정부로는 캐나다, NGO는 미국의 더 네이처 저너티브(TNC)와 컨서베이션 인터내셔널(CI)이 있다.

BCF의 대상 프로젝트에는 50건이 응모하였고 사무국의 심사결과 20건이 투자대상 후보로 되어있다. 20건의 지역별 내역은 아프리카가 가장 많고 중미, 남미로 이어지며 아시아에서는 라오스 한 건 뿐이 없을 뿐이다.

BCF의 특징은 투자대상 프로젝트를 두 개의 카테고리("윈도우"라고 부른다)로 나누고 있는 것이다. 제1윈도우는 교토의정서의 청정개발체계(CDM), 공동실시(JI)에 적합한 신규 조림, 재조림 프로젝트이다. 제2윈도우는 교토의정서에 적합하지 않은 제1윈도우 이외의 프로젝트에서 탄소 크레디트를 얻는 방법을 추구하도록 하고 있다.

전체 대상 프로젝트에서 점하는 비율은 제1윈도우가 75%, 제2윈도우가 25%를 목표로 삼고 있다. 분야별 목표 비율을 표3-3-1에 표시하였으며 커뮤니티 조림과 농업·임업(Agroforesty) 전체의 50%를 차지하고 있다.

제2윈도우가 프로젝트의 구체적 사례로는 개발도상국에서의 파괴된 삼림의 재생, 관목재배 등에 의한 건조지에서의 목초지 재생, 토지관리 플랜에 입각한 분단된 삼림의 보호 등을 들 수 있다.

[표3-3-1] BCF의 프로젝트 분야와 목표 비율

	분야	비율(%)
제1윈도우 (교토의정서에 적합)	커뮤니티 조림	30
	아그로포레스트리	20
	상업 조림	10
	바이오 연료	15
소계		75
제2윈도우 (교토의정서에 부적합)	삼림재생, 삼림 경영	5
	삼림감소 방지	10
	지속 가능한 농업	5
	식생 회복	5
소계		25

주: 커뮤니티 조림은 사회임업과 대략 같으며 상업 조림에는 산업 조림도 포함하는 것으로 생각됨. 「교토의정서에 적합」이란 마라케쉬 합의의 CDM 싱크 분야에 적합함을 뜻함.
출처: BCF TAG Meeting 자료에 따라 작성.

1-12에서 설명한 바와 같이 교토의정서에서 정하는 제1약속기간에 CDM 흡수원(싱크) 프로젝트로 인정되고 있는 것은 신규 조림, 재조림뿐이지만 BCF의 제2윈도우는 제2약속기간(2013년 이후)의 새로운 CDM 적용분야를 시야에 넣은 선행사례가 될 것으로 생각된다.

또한 PCF 프로젝트에서 얻게 되는 탄소의 예상계약가격을 살펴보면 세계은행에서는 CO_2톤 당 3~4 달러(탄소 톤 당 10~15 달러)로 예상하고 있다. 프로젝트 1건 당의 평균 CO_2 흡수량은 프로젝트 기간 15년간에 40만~80만 CO_2톤으로 추산하고 있으며 프로젝트당의 평균 지불금액(탄소 크레디트 취득금액)은 200만 달러로 예상하고 있다. 이들 추산으로부터 BCF는 출자자로서 유리한 조건으로 크레디트를 획득할 수 있다고 세계은행은 강조하고 있다.

교토의정서에 적합한 제1윈도우 프로젝트에 따른 탄소가격은 비적합 제2윈도우의 가격보다 약간 높아질 것으로 예상하고 있다. 앞서 20건의 평균탄소 가격은 3.65 달러/CO_2t이고, 이 가운데 교토의정서에 적합한 프로젝트의 평균탄소가격은 3.85 달러/CO_2t으로 추산되고 있다. 그리고 흡수원 CDM(CDM 조림 프로젝트)의 최대의 과제인 어카운팅과 비영속성의 문제(2-7, 2-8 참조)에 관하여 BCF는 기한부 크레디트를 채용하여 프로젝트 기간을 18년으로 하고 있다.

세계은행이 지적하는 기한부 크레디트의 장점과 단점

BCF에서는 비영속성의 문제를 회피하기 위하여 기한부 크레디트를 채용하고 있으며 세계은행은 이 크레디트에는 장점과 함께 단점도 있다고 말하고 있다. 장점으로는

- 매수자와 매도자에게 조림 등 흡수원 프로젝트의 유효성을 나타내는 인센

티브와 책임을 가지게 할 수 있다.

- 모니터의 검증 프로세스를 단순화할 수 있다.
- 영속성을 보증하는 시스템이 된다.
- CDM 싱크가 제1약속기간에 한정되지 않는다는 NGO의 요구에 맞는다.

단점으로는

- 매도자에 대한 크레디트의 초기지불액이 낮다(크레디트의 거래가격이 낮은 것을 뜻한다).
- 크레디트 갱신비용과 수속비용이 든다.

등을 지적하고 있다.

이들 단점에 대응하기 위하여 세계은행은 제2약속기간을 앞두고 비영속성의 리스크를 피할 수 있는 포트폴리오를 짜서 크레디트 가격의 저하방지와 갱신수속비용의 저감 등을 위한 방침을 취하고 있다.

3-4 오스트레일리아의 조림정책

지구 온난화 대책의 일환으로 세계 각지에서 조림사업이 활성화되고 있다. 그 가운데에서도 주목되는 것이 오스트레일리아의 동향이다. 오스트레일리아는 교토의정서에는 비준하지 않고 있지만 삼림에 의한 이산화탄소(CO_2) 흡수(싱크) 기능을 인센티브로 하는 조림정책을 적극적으로 추진하고 있다.

오스트레일리아 연방정부는 「국가 그린하우스 전략」(일본의 「교토의정서 목표달성계획」에 해당)을 작성하여 지구 온난화 대책의 강화에 나서고 있다. 이것은 「국가 그린하우스 전략」은 「플랜테이션2020」, 「팜 포레스트리 프로그램」, 「재식생화 프로그램」, 「부시 폴 그린하우스(BFC)」라고 하는 네 가지 정책으로 구성되어 있으며, 이 가운데 「플랜테이션2020」에서는 2020년까지 조림 면적을 3배로 늘린다는 목표를 내걸고 있다. 오스트레일리아의 2000년 시점에서의 인공림 면적은 약 150만ha이므로 이것이 약 450만ha로 늘어나게 되는 것이다. 또한 「팜 포레스트리 프로그램」은 목장 내에 띠 모양으로 조림을 함으로써 방풍과 그늘의 역할을 하도록 하여 소나 양의 발육향상과 동시에 목재 공급력 향상을 도모하고 있다. 일본의 왕자제지가 오스트레일리아에서 실시하고 있는 조림사업의 일부에 이 시스템이 적용되고 있다. 「부시 폴 그린하우스」는 소규모 환경 조림을 추진하면서 생물다양성이나 토양 보전뿐만 아니라 CO_2 흡수량 향상에도 공헌하고자 하는 것이다. 이밖에 연방정부는 염해지 수복과 CO_2 흡수를 위한 조림 기금 제도의 창설도 검토하고 있는 것으로 전해지고 있다.

이와 같은 연방정부의 기본정책을 받아들여 오스트레일리아의 각 주정부도 CO_2 흡수를 인센티브로 하는 독자적인 조림 추진 정책을 전개하고 있다. 그 대표적인 예가 「탄소권」 비즈니스를 본격화하고 있는 빅토리아주(3–5 참조)이다.

뉴사우스웨스트 포트폴리오 방식

오스트레일리아의 뉴 사우스웨스트주(NSW주)에서는 2003년 1월에 제정한 법률에 따라 1인 당 5%의 온실효과가스의 저감을 의무화하였다. 2007년까지는 온실효과가스의 저감률을 매년 증가시키고 그 후 5년간은 저감률을 일정하게 유지하기로 하고 있으며, 저감의무가 달성되지 않는 경우에는 1 CO_2 톤 당 실질 15 호주달러 상당의 반칙금을 배전회사에 과하고 있다.

단, 배전회사는 NSW주 내의 조림 프로젝트에 투자하여 얻은 CO_2 흡수량을 목표달성에 활용(CO_2 배출분과 상쇄)할 수 있다. 즉, 교토메커니즘과 마찬가지의 메커니즘이 NSW주에서는 한 발 먼저 가동하고 있는 것이다.

이 NSW주에서는 CDM 프로젝트에서 문제로 되어있는 「비영속성」에 대하여 기본적으로 매도자 책임의 포트폴리오 방식으로 해결하려 하고 있다. 구체적으로 말하면 카본 풀(탄소 풀) 사업자가 갖가지 삼림으로부터 탄소축적을 취득하고, 어떤 삼림에 벌채나 화재가 발생한 경우에는 다른 삼림의 탄소축적으로 커버하여 비영속성의 리스크를 회피(hedge)하도록 하고 있다.

또한 3–5에서 소개할 오스트레일리아의 행콕사는 포트폴리오 방식의 채용에 있어서 삼림의 입지나 형태에 따라 비영속성의 리스크가 다르다는 점에 착안하고 있다. 예컨대 화재발생 리스크는 삼림의 입지나 형태에 따라 20~30%에서 70~80%까지의 차이가 있다. 어떤 삼림의 리스크가 높은 경우 리스크가 낮은 삼림을 큰 면적으로 조합하면 리스크를 처리할 수 있다. 따라서 동사는 산업조림이나 환경조림, 고 리스크 삼림이나 저 리스크 삼림 등, 다양한 삼림을 풀로서 가지고 그들 전체를 리스크 관리하는 개념을 가지고 있다. 이는 삼림자산의 리스크 매니지먼트로서도 효과적인 방법이라 할 것이다.

또한 서오스트레일리아주에서는 CO_2 흡수 관련의 조림에 900만 달러의 자금 투입을 계획하고 있으며 농지림만이 아닌 기업에 의한 조림사업도 대상으로 하고 있다. 나아가 뉴 사우스웨일즈주 임업공사는 목장주와의 사이에 분수조림(分收造林)을 실시하고 있으며 이때 탄소고정 크레디트를 분수 계약하는 제도를 채택하고 있다. 오스트레일리아는 일본기업의 해외조림 대상지로도 유망시(3-6 참조)되고 있기 때문에 여기서 오스트레일리아의 삼림 특히 근년에 면적이 급증하고 있는 인공림의 상황을 연방정부 농림수산성 발행의 『오스트레일리아 인공림 2001』에 따라 설명하고자 한다.

오스트레일리아의 인공림(플랜테이션)의 총면적은 약 150만ha이며 산업용림과 농업림(팜 포레스트리)으로 크게 구분되고 전자가 95%를 차지하고 있다.

수종별로 보면 침엽수가 65%, 활엽수가 35%이다. 침엽수의 74%가 래디아타 소나무(P.radiata), 활엽수의 81%가 유칼리 종으로서 이 두 가지 수종이 오스트레일리아의 인공림을 특징지우고 있다. 유칼리의 80% 가까이는 블루 검(E.globulus)으로서 최근 수년간 식재하고 있는 대부분의 수종이 이것이다.

오스트레일리아에서는 인공림 면적을 주 단위만이 아니고 주된 조림지역(16지역)으로 나누어 조사·발표하고 있다. 표3-4-1에 상위 5개 지역의 인공림 면적을 표시하였다. 이들 5개 지역에서 전체 오스트레일리아의 인공림 면적의 약 70%를, 특히 유칼리가 주종인 활엽수림은 약 80%를 차지하고 있다. 가장 면적이 넓은 것은 서오스트레일리아주 남·북단의 퍼스에서 알베니에 걸친 해안부이며, 이어서 빅토리아주와

남오스트레일리아주에 걸친 포틀랜드에서 마운트 감비아에 이르는 해안지역으로 이곳은 그린 트라이앵글로 불리고 있다.

[표3-4-1] 지역별, 수종별 인공림 면적

(2000년 9월 현재 단위: 1000ha)

지역	활엽수	침엽수	합계
서오스트레일리아	215.0	98.4	313.4
타스매니아	109.6	75.6	185.2
그린 트라이앵글	68.6	155.3	224.2
멀리밸리	3.4	175.0	179.5
퀸즐랜드 남동부	9.0	155.5	165.5
5개 지역 합계	**405.6**	**659.8**	**1,067.8**
오스트레일리아 합계	**502.6**	**972.2**	**1,484.7**

주: 1) 활엽수와 침엽수 난을 합친 수와 합계란과의 차이는 혼효림 및 불명 수종임.
2) 오스트레일리아 합계로 활엽수의 81%가 유칼리이고 그 중 77%는 E.globlus (블루 검), 침엽수의 74%는 P.radiata(래디아타 소나무)임.

출처: PLANTATION OF AUSTRALIA 2001에 의거하여 작성.

[사진3-4-1]

뉴사우스웨스트주 임업공사와 목장주가 경영하는 분수 조림지

세 번째인 태즈메이니아 섬은 일본에도 잘 알려져 있으며 네 번째의 멀레이 바레이는 빅토리아주 멜버른에서 동북부의 주 경계를 넘어 뉴사우스웨스트주의 일부를 포함하는 지역이다.

이렇게 보면 광대한 오스트레일리아라고는 하나 인공림의 적지는 동부에서 동남부에 걸친 지역과 남서단 해안부에 한정되어 있음을 알 수 있다. 그 요인으로는 강수량, 토양 등의 자연조건, 기반시설, 항만이나 소비지까지의 거리 등을 들 수 있다. 그린 트라이앵글 지역의 유칼리 인공림에서는 강수량 600mm/년 이상, 항구까지의 거리 150km 이내가 적지라고 말하고 있다. 단 강수량이 많고 토양이 좋은 토지는 목장, 농지의 적지이기도 하기 때문에 토지가격은 비싸진다. 특히 최근에는 가뭄이 심해서 강수량이 넉넉한 지역의 목장지 가격이 눈에 띄게 오르고 그린 트라이앵글 지역의 해안부에서는 조림지 확보에 고심하고 있다는 이야기가 있다. 또한 지역에 따른 수종의 특징을 살펴보면 서오스트레일리아 타스매니아에서는 래디아타 소나무보다 유칼리가 많고 그린 트라이앵글, 멀레이 바레이, 퀸즈랜드 남동부에서는 반대로 래디아타 소나무가 많다. 표3-4-2는 오스트레일리아의 식재시기별 인공림 면적을 표시한 것이다. 2000년 시점에 인공림 면적의 약 90%가 1970년 이후의 조림지로 되어있고 인공림의 역사는 대략 30년에 불과하다고 할 수 있다.

[표3-4-2] 식재 시기별 면적

식재시기 (연)	면적 (1,000ha)	시기별 (%)
불명	22.3	2
1970년 이전	124.5	8
1970~79	293.8	20
1980~89	346.4	23
1990~99	528.0	36
2000년	169.8	11

주: 면적은 각 시기에 식재된 2000년 시점의 조림지 면적을 표시함.
출처: 표3-4-1의 187쪽 표를 바탕으로 작성.

또한 『오스트레일리아의 인공림 2001』에 따르면 1994년 이후의 식재지는 516,000ha이고 과거 수년간의 연평균 식재 면적은 70,000ha로 보고 되어있다. 참고로 2000년의 식재 면적은 169,780ha이었고 그 내역은 신규 조림이 124,850ha, 2차 로테이션으로서의 재조림이 6,800ha로 되어 있다.

오스트레일리아의 인공림에 있어서의 식재수종의 변화를 1970년대 이후로 초점을 맞추어 표시한 것이 표3-4-3이다. 1990년대 중반에 래디아타 소나무에서 유칼리로 식재수종이 크게 전환되었음을 알 수 있다. 유칼리의 식재 비율을 연대별로 보면 1980년대까지는 10% 이하이고 1980년대 후반에는 14%에 불과하였다. 증가세로 바뀐 것은 1990년대부터였으며 1990년 전반에는 40%로 증가하고 후반에는 60% 그리고 2000년에는 86%로 크게 증가하였다. 현재는 유칼리가 오스트레일리아의 조림을 상징하는 대표 수종이다. 유칼리로 전환된 이유는 국제적인 임산물 수급상황 등 때문이기도 하지만 조림지나 입목(立木)의 소유권, 사업형태의 변화에 기인하는 바가 크기 때문이다.

[표3-4-3] 식재 시기별·수종별 면적

식재시기 (연)	수종별 면적 (1,000ha)		
	활엽수	침엽수	합계
1970~74	11.2	123.6	134.8
1975~79	7.0	151.8	158.9
1980~84	9.3	149.8	159.1
1985~89	26.7	160.2	187.2
1990~94	75.8	103.9	181.5
1995~99	208.4	132.7	346.5
2000	146.1	23.1	169.8

주: 표3-4-1의 주 1 참조. 출처: 표3-4-2와 동일.

인공림의 소유형태는 46%가 공유지, 40%가 사유지, 14%는 불명으로 되어 있다(2000년 시점). 비교적 오래된(1970~1980년대 식재) 인공림의 토지 대부분은 공유지이고 입목도 공유물이고 뉴사우스웨스트, 퀸즐랜드, 남오스트레일리아주에서의 인공림 대부분의 토지나 입목은 공유물로 되어 있다(주 : 뉴사우스웨스트주의 주유림의 대부분은 공사 소유). 한편 사유지에서의 인공림은 대부분을 기업이 소유하고 있다. 사유지에 있는 인공림의 대부분은 빅토리아, 서오스트레일리아, 노선테리터리주에 펼쳐져 있으며, 과거 11년 동안에 식재된 것이다. 또한 1990년 이후에 식재된 인공림의 55%는 토지와 입목이 모두 사유지이고 공유지는 25%에 불과하다.

즉 오스트레일리아에서는 1980년대까지는 주유림 등의 공유지에서 지방정부 등 「관」에 의한 래디아타 소나무를 주종으로 조림을 해왔으나 1990년대 이후는 사유지에서의 기업 등, 「산(産) 또는 민간」에 의한 유칼리 조림이 주류를 이루어 왔음을 알 수 있다. 1990년대 이후 조림사업이 활발하게 시행되고 있는 여러 주들은 사유지율이 높다. 3-5에서 소개한 빅토리아주는 58.5%(공유지는 3.3%, 불명 38%), 서오스트레일리아주는 78.2%로 되어 있고 입목의 사유지율도 거의 같은 비율이다.

또한 오스트레일리아의 인공림 조성은 그 사업형태에 특징이 있으며 인공림 소유자는 조림(식재나 육림)작업을 조림사업공사(Industrial company, 대기업으로는 트리코프사 등)나 삼림투자운영회사(대기업으로는 행콕사 등)에 위탁하는 경우가 많다. 『오스트레일리아 인공림 2001』도 인공림 조성의 대부분은 조림사업기업 또는 삼림경영기업(Private Forest management agency)에 위탁하는 경우가 많은 것으로 보고되어 있다. 삼림투자운영회사나 삼림경영기업의 대부분은 「프로스펙터스(Prospectus)」라 불리고 있으며 이 프로스펙터스가 오스트레일리아의 임업에 큰 영향을 미치기 시작하는 동시에 「탄소 비즈니스」의 주역이 되고 있다(3-5 참조).

3-5 빅토리아주의 탄소권 거래

3-4에서 설명한 바와 같이 오스트레일리아는 연방제로 되어 있으며 각 주의 삼림정책은 연방정부의 삼림정책과 일관성을 도모하면서 독자적으로 추진하고 있다. 멜버른이 있는 빅토리아주는 정치적으로 중요한 주인 동시에 뉴사우스웨스트주와 함께 가장 인공림이 많은 주이며 또한 1-7에서 소개한 「탄소권」 거래를 적극적으로 실시하는 것으로도 주목을 받고 있다.

여기서는 우선 빅토리아주의 삼림정책과 조림의 현황을 살펴본 뒤에 탄소권 거래의 중요한 프로스펙터스라고 불리는 기업의 동향을 해설하고자 한다.

1. 빅토리아주의 삼림정책

빅토리아주의 삼림은 유칼리가 주체를 이루는 천연림 3,500,000ha(그 중 1,200,000ha는 생산림)와 인공림 3,186,000ha로 이루어져있다. 수종별 내역은 래디아타 소나무가 주를 이루는 침엽수가 68%, 유칼리가 32%이다.

[표3-5-1] 빅토리아주 인공림의 식재시기, 수종별 면적

(2000년 9월 현재)

식재시기 (연)	수종별 면적 (1,000ha)		
	활엽수	침엽수	총합계
1970년 이전	5.2	14.8	20.1
1970-74	3.1	27.3	30.4
1975-79	2.7	39.6	42.3
1980-84	1.8	33.9	35.7
1985-89	2.7	36.4	39.2
1990-94	8.6	25.2	34.2
1995-99	36.0	30.9	68.2
2000	41.4	7.1	48.6
합계	**101.5**	**215.1**	**318.6**

주: 1) 1970년 이전의 면적에는 식재시기 불명의 면적도 포함된다.
2) 활엽수와 침엽수의 합계와 총합계의 차이는 혼효림과 불명 수종때문임.
출처: PLANTATION OF AUSTRALIA 2001, 34쪽의 표에 따라 작성.

3-4에서 해설한 바와 같이 오스트레일리아 전체에서 인공림에 대한 수종전환이 진행되고 있으며, 빅토리아주에서도 1990년대 말 이후 인공림의 면적이 급증하고 있다(표3-5-1). 주정부의 자료(주1)에 따르면 유칼리의 조림 면적은 1998년의 8,400ha에서 1999년에는 25,326ha로 비약적으로 증가하였다(2000년에는 41,000ha로 더욱 증가). 특히 그린 트라이앵글 지역에서 1999년에 식재한 수종의 87%는 유칼리이며 침엽수의 식재 면적은 840ha에 불과한 것으로 보고되어 있다.

빅토리아주에서는 2002년 11월의 주 선거 후에 행정부 재편이 실시되어 종래의 천연자원 환경성이 지속가능발전성(Department of Sustainability)으로 조직개편 됨에 따라 삼림정책을 재검토하고 있다. 이러한 빅토리아주의 삼림정책은 사유림정책과 공유림정책으로 구별

되며 공유림정책에 대해서는 각 행정부서의 역할분담이 검토되는 한편 사유림정책에는 큰 변화없이 조림 정책도 종래의 노선으로 추진해 나갈 방침을 취하고 있다.(주2) 빅토리아주정부는 2002년에 「신 사유림 전략(The New state Private Forestry Strategy)」을 발표하고 3년 동안에 800만 호주달러를 투입하여 임업진흥을 도모하기로 하고 있다(발표 당시의 담당 행정부서는 천연자원 환경성). 그 내용은 농업, 목축업 진흥과 함께 인공림 확대에 중점을 두고 있으며 구체적으로는 연방정부의 「플랜테이션 2020」 정책에 따라 2020년에는 인공림 면적을 1997년의 3배인 750,000ha로 늘릴 방침을 내세우고 있다. 빅토리아주에서는 연평균 250,000ha의 식재를 하고 있으며 이 페이스대로 나간다면 2020년의 인공림 면적은 목표치인 750,000ha에 이르게 된다.

이 빅토리아주의 조림 정책을 추진하는 데 있어서 중요시되고 있는 것이 「탄소권」이다. 빅토리아 주정부가 발행하고 있는 팜플렛에는 「탄소권」이 임업투자에 대한 인센티브가 된다고 명시되어 있다. 또한 『삼림권과 탄소흡수권』이라는 제목의 팜플렛도 발행되고 있으며 투자안전성에 대한 대비로서 삼림재산권에 「탄소권」이 포함되는 것을 강조함과 동시에 「탄소권」이 있음으로써 빅토리아주에서의 조림 비용이 줄어서 투자의 조기회수도 가능해졌다고 설명하고 있다.

탄소권을 둘러싼 일본에서의 주요 논점

빅토리아주에서는 탄소권 거래가 활발하게 전개되기 시작하고 있으며 1-17의 컬럼에서 소개한 바와 같이 일본에서는 탄소권의 성격을 두고 갖가지 논의가 이루어지는 단계이다. 그 대표적인 예로 2003년 4월 24일에 개최된 환경성의 교토메커니즘에 관한 검토회 제3차 회의의 상황을 필자의 사견과 함께 소개하고자 한다.
필자는 삼림이 흡수한 CO_2는 삼림소유자에게 귀속하여야 하며 민유림(공유림, 사유림)이 흡수한 CO_2는 소유자인 자치단체나 기업, 개인에게 귀속하여야 하기 때문에 배출권거래의 대상에 포함시키는 것이 좋다는 의견을 제시하였다. 이에 대하여 니자와히데노리 위원과 마쓰오나오키 위원은 삼림 경영자로서는 인센티브가 된다고 찬성의견을 제시하였으나 아유카와유리카 위원(WWF Japan)은 NGO의 입장에서 반대의견을 표명하였다.

아유카와 위원은 「환경 NGO로서는 흡수원에서 저감했다고 간주하는 데 대하여 문제가 있다고 본다」고 말하고 「미에현(三重懸)이 배출권거래의 시뮬레이션(3-9 참조, 필자 주)에 삼림 흡수원을 넣은 것에 대해 잘못된 결과가 나오는 것이 아닌지 매우 우려하고 있다」고 지적하였다. 그리고 「3.9%의 범위 내에서 삼림 흡수원을 배출권거래의 시뮬레이션에 넣으면 더블카운트가 될 것을 크게 걱정하고 있다. 물론 국가가 3.9%의 전부를 일원화 관리하여 개별의 삼림사업자에 대하여 아무런 정책도 없는 채로 국가의 3.9% 달성을 위하여 삼림관리를 부르짖고 있는 것은 문제라고 생각한다」고 말하고 「개별적인 삼림 흡수원을 시뮬레이션에 넣거나 국내 배출권거래의 대상으로 한다면 어디까지 그것을 카운트 하는가에 대해 국가로서는 확실하게 방향성을 제시하고 나서 시작해야 한다」고 하면서 국가의 정책을 조속히 제시할 것을 강조하였다.(주1)
정부의 지구 온난화에 관련한 검토회 중에서 이 종류의 구체적인 논의가 이루어진 것은 이것이 처음 있는 기회가 아니었나 생각된다.
이 밖에 매스컴·미디어도 「니혼게이자이 신문이 2003년 4월 29일부 사설에서 흡수원 대책과 삼림 정비대책의 문제를 들어 삼림의 CO_2 흡수능력을 배출권거래에 포함시키는 등, 시장 메커니즘 이용의 유연한 체제도 검토할 과제일 것이다」 하는 등 탄소권에 관련한 논의가 서서히 열을 띠기 시작하고 있다.

(주) 환경성 교토메커니즘에 관한 검토회 제3차 회의 의사록, 2004년 4얼 24일
(http://www.env.go.jp/earth/ondanka/kyoto-m/03/gijiroku.html)

이 빅토리아주의 동향은 삼림의 자산평가 뿐만아니라 국제적으로도 큰 영향을 미칠 가능성이 있다. 「탄소권」을 인정하는 국가의 사유림에

는 토지, 입목 가치에 더하여 탄소 흡수가치("싱크밸류"라고도 표현할 수 있다)가 부가되어 「탄소권」을 인정하지 않는 국가의 삼림과 평가의 차이가 생길 것으로 보인다. 예컨대 래디아타 소나무의 인공림은 뉴질랜드, 칠레, 오스트레일리아에 있지만 「탄소권」 부여의 여부에 따라 이들 국가간에 래디아타 소나무숲의 평가액이 달라질 가능성이 있다.

2. 그린 트라이앵글 지역의 조림사정

빅토리아주의 대표적인 인공림 지대인 그린 트라이앵글지역의 현황을 소개하고자 한다. 이 지역은 식재 면적 약 22만ha로서 식재 수종은 주로 래디아타 소나무로 이루어진 침엽수가 70%, 유칼리가 30%이며 최근에는 주로 유칼리의 블루 검(E.globlus)이 식재되어 있다. 2000년도의 식재 면적 47,350ha 가운데 약 90%를 블루 검이 차지했다고 한다. 또한 마찬가지로 2000년도의 식재지의 97%가 사유지이며 여기서는 일본기업도 조림사업을 하고 있다.

그린 트라이앵글 지역에서 조림지를 선정시의 중요한 세 가지 인자는 토지가격, 강우량, 목재 적출지인 포틀랜드까지의 거리이며 최근에는 토지가격이 상승하여 조림지 확보가 힘드는 경우도 생기고 있다. 조림지를 구입하는 경우에는 3,000호주달러/ha, 임대의 경우에는 연간 150호주달러/ha가 상한가격이다.(주3) 한편 빅토리아주 정부 발행의 팜플렛("Private Forestry investing in Victoria")에 따르면 빅토리아주 내의 조림 적지의 가격은 1,500~8,000호주달러/ha, 임대로는 연간 75~400호주달러/ha(토지가격의 5%)이며 그린 트라이앵글 지역은 1,000~2,000호주달러/ha의 가격대로 구분되어 있다. 따라서 그린 트라이앵글 지역의 실세가격은 주정부 자료보다 높게 책정되어 있다. 이와 같이 토지가격이 상승한 첫째 원인은 최근 적은 강수량과 가뭄으로 인하여 조림적지가 감소하여 농목지 이용과의 경합이 발생한 것, 둘째로 뒤에 기술할 프로스펙터스에 의한 적극적 토지구입이 지적되고 있다.

일본기업이 추진하고 있는 조림사업의 구조

일본기업이 그린 트라이앵글 지역에서 시행하고 있는 조림사업은 3,000ha에서 10,000ha를 하나의 사업단위로 하여 연간 식재 면적은 수백에서 1,000ha를 목표로 하고 있다. 조림 대상지는 주로 목초지이며 전답용지는 극히 일부밖에 없고 1개소 수십~수백ha의 규모이다. 한 사업단위 당 10개소 이상의 조림지를 점유하고 이들을 일괄하여 경영하고 있다. 동남아시아 등의 열대지역에서 기업이 조림사업을 실시하는 경우에는 1만ha이라든지 10만ha라고 하는 규모의 사업예정지를 우선 취득하고 매년 그 10분의1 정도씩 조림해 나가는 것이 보통이다. 이에 비하여 그린 트라이앵글 지역에서는 매년의 식재에 필요한 면적을 그때마다 취득하는 방식을 취하고 있으며 한 사업체의 식재지가 넓은 목초지에 분산하여 산재하고 있다. 이 방식은 초기투자가 적다고 하는 장점이 있는 반면 사업계획대로 매년 조림지를 취득할 수 있는가 하는 것이 중요한 포인트가 된다.

일본기업의 조림사업은 제지회사를 주체로 하는 복수의 기업이 투자하는 조림회사가 시행하고 있다. 구체적으로는 왕자제지 계의 GPFL사, EPFL사, 일본제지 계의 PTP사, VTP사 등이 있으며 이들 조림회사에 전력회사, 도요타 등의 다른 업종의 기업이 출자하고 있다. 조림회사는 식재, 육림 등의 작업을 컨트랙터에게 도급하고 있으며 예컨대 GPFL사, EPFL사는 대규모의 Tree Corp사를 주된 컨트랙터로 삼고 있다. 묘목은 직접 또는 컨트랙터 경유로 묘목전문회사로부터 구입하여 조달하고 있다. 즉 조림회사의 역할은 사업계획 입안, 자금준비, 토지준비, 도급수배, 장래에는 판매라는 것이 된다. GPFL

사 PTP사 모두 소수의 일본인과 오스트레일리아인 직원으로 효율적인 경영이 이루어지고 있으며 특히 GPFL의 필드 매니저인 조웨트(D. Jowett) 씨는 빅토리아주 정부에서 농지 조림에 대한 공헌으로 표창을 받은 인물이다.

또한 빅토리아주 전체의 조림 가능지는 620만ha(그 중 360만ha이 블루 검 조림에 적합한 연간 강우량 600~800mm의 지역)로 되어 있으며 현재의 인공림 면적은 약 3만ha이기 때문에 조림 적지에는 아직 충분한 여유가 있지만 그린 트라이앵글 지역과 마찬가지로 농목지(農牧地) 이용과의 경합에 따른 토지가격의 상승이나 반출거리가 멀어지는 것으로 인한 비용 상승 등의 문제가 해결과제로 남아있다.

3. 프로스펙터스 행콕사의 태세

오스트레일리아의 임업계에서는 「프로스펙터스」라고 불리는 기업이 조림사업의 추진주체로 되어있다. 프로스펙터스란 삼림투자운용회사라고 번역하는 경우가 많지만 조림사업 투자운용회사라고 번역하는 편이 보다 적합하다. 투자가로부터 자금을 모아서 삼림사업에 투자하는 사업을 비즈니스로 삼고 있는 것이 프로스펙터스이며 오스트레일리아에서는 행콕사 등 4개사가 활동하고 있다.

[사진3-5-1] 빅토리아주, 일본기업에 의해 조림, 목초지에서 조림지로 전환. 식재 수종은 블루 검(Eucaryptus globlus). 식재지 앞쪽에 있는 두 그루의 재래종 성목은 환경보존을 위하여 남겨놓은 것이다.

대표적인 행콕사는 미국에 본거를 둔 세계 최대의 프로스펙터스이며 북미, 남미, 오스트레일리아에서 122만

ha, 27억 US달러 상당의 자산을 관리하고 있다.

코스모 석유의 배출권 판매

2003년 1얼 19일부의 「아사히신문은 CO_2 배출권 일반에게 판매」라는 표제를 내고 코스모 석유가 1톤에 500엔으로 CO_2 배출권을 판매하고 있다고 보도하였다. 기사의 내용은 「코스모 석유는 오스트레일리아에서 조림한 유칼리가 2001년부터 1년 동안에 흡수한 CO_2 24,000천톤 분의 배출권을 미국의 금융서비스회사로부터 매입하였다. 일반에게 판매하는 것은 그 일부로서 구입자에게는 『이산화탄소(CO_2) 흡수증서』를 준다」 고 했다. 여기에 나오는 미국의 금융서비스회사가 취리히 캐피털 마켓이다. 대상으로 되어있는 조림한 유칼리는 행콕사가 도산한 APT사로부터 인수한 84,000ha의 일부이다. 코스모 석유는 당초에 APT사와 계약하고 있었으며 APT사가 도산하였기 때문에 행콕사가 운영관리하고 있는 유칼리림이 배출권 구입의 대상이 되었다. 즉 코스모 석유의 작전은 행콕사와 취리히 캐피털 마켓에 의한 삼림투자 벤처의 하나였다고 할 수 있다.

코스모 석유가 구입한 배출권은 빅토리아주처럼 「탄소권」이 인정되어 있지 않은, 일본에서는 법적근거가 미약하며 오스트레일리아가 교토의정서에 비준하지 않는 한 국제적인 배출권 거래시장에서 판매할 수도 없다. 이 때문에 앞서의 신문기사 가운데에서 코스모 석유 환경실은 배출권을 매매하지는 못하지만 환경보호에 공헌할 수 있는 기분은 맛볼 수 있다는 설명을 하고 있었다. 이 코스모 석유의 사례는 삼림의 CO_2 흡수량 증대에 공헌하는 기업의 자세가 간접적인 비즈니스효과(기업이미지의 향상 등)가 있는 것을 볼 수 있다. 교토의정서가 발효하여 직접적인 탄소 비즈니스가 가동하기 전에 삼림의 CO_2 흡수량을 어떤 형태로든 비즈니스에 활용하려고 하는 시도는 앞으로도 늘어갈 것으로 보인다.

코스모 석유자 판매하는 「이산화탄소 흡수증서」에는 「유칼리림에 의한 이산화탄소 흡수량은 오스트레일리아 정부의 온난화 대책 기관인 Australian Greenhouse Office가 공개한 산출식으로 산정하여 이 분야의 국제적 권위인 Jaaco Poyry consulting사 및 아사히 감사법인이 검증하였습니다」 라고 적혀있다.

최근 오스트레일리아는 삼림자산의 확대에 적극적인 자세를 보이고 있고, 1998년에는 빅토리아주유림이 민영화됨에 따라 래디아타 소나무가 주를 이루는 대규모 공유림을 취득하여 행콕사의 관리 하에 두었다. 또한 2002년에는 도산한 APT사의 84,000ha의 인공림을 취득하였다.

행콕사는 삼림의 CO_2 흡수에 의한 탄소 비즈니스에도 적극적이어서 캐나다 사람인 데이비드 브랜드를 탄소 프로그램 부장의 자리로 스카우트하여 새로운 사업을 시작하고 있다. 취리히 캐피털마켓과 손잡고 목재생산과 CO_2흡수의 배출권거래를 연결하는 「개척자적인 삼림투자 벤처」라 칭하는 새로운 사업을 그린 트라이앵글 지역과 남·서 오스트레일리아에서 개시한다고 대대적으로 발표하였다. 취리히 캐피털마켓과 전액 출자하는 오스트레일리아 포레스트펀드사를 설립하여 행콕사가 100,000ha의 삼림과 토지를 소유하고 인벤스트먼트 매니저로서 운용을 맡는다는 구상이다. 이 새로운 사업으로 투자가는 목재가치에 탄소가치를 덧붙여 큰 투자이익을 기대할 수 있다고 홍보하고 있다. 앞서 말한 브랜드 씨는 기자발표 가운데에서 오스트레일리아 포레스트펀드사는 「새로운 숲」의 개념을 이 사업을 통하여 실현하였다고 언명하였다. 「새로운 숲」이란 삼림이 지닌 지구환경에 공헌하는 가치를 사업으로서 살리는 일이라고 되어있다.

(주1) 『Private Forestry Investing in Victoria』에 의거.

(주2) 2002년 12월에 실시한 빅토리아주 정부의 존 포린한 사유림행정 담당관 (Private Forestry Council) 외 삼림행정 담당자에 대한 청취에 의거.

(주3) 2002년 12월 현지에서 청취에 의거.

3-6 일본기업의 해외조림 사업

지금까지 일본기업의 조림사업은 제지업계가 종이 펄프의 원료를 확보하기 위한 것이 주목적이었다. 그러나 지구 온난화 대책에 대한 관심이 높아지는 가운데 공동실시(JI)나 청정개발체계(CDM) 등의 프로젝트 실시를 목표로 하고 있는 이업종(異業種) 기업의 참가나 출자가 증가하고 있다.

제지업계를 중심으로 하는 일본기업의 해외 조림은 목표면적 약 48만ha 가운데 약 37만ha에 이미 조림이 되어 있다(표3-6-1).

[표3-6-1] 일본기업의 해외삼림 프로젝트

(단위 : 1,000ha)

국 별	건 수	식림면적	목표면적
오스트레일리아	20	122.6	204.5
뉴질랜드	3	43.3	54.4
JI 대상국	23	165.9	258.9
중국, 베트남, 파푸아뉴기니아	3	24.7	30.5
중남미	5	180.0	184.0
기타	1	4.2	10.0
CDM 대상국	9	208.9	224.5
합계	32	374.8	483.4

주: 1) 교토의정서 체결국 포함.
2) 중남미는 칠레 3건, 에콰도르, 브라질 각 1건
3) 기타는 남아프리카 1건
4) JOPP의 표는 JI 대상국을 22건으로 하고 있다. (23건 중 1건은 채벌적지(採伐跡地)의 조림이어서 JI 대상이 안 되는 것으로 해석)

출처: JOPP「일본기업의 해외 산업조림 프로젝트 일람표」(2005년 3월 말일 작성) 를 바탕으로 작성.

(사)해외산업 조림센터(JOPP)의 분석에 따르면 이 가운데 JI의 가능성이 있는 대상국(선진국)에 조림이 되어있는 것이 약 17만ha(목표 약 26만ha)이다(이 숫자는 제지업계 중심으로 실시되어 있는 조림사업을 대상으로 하고 있기 때문에 스미토모 임업이나 우드원(구 주택산업) 등의 주택관련 기업이 하고 있는 조림사업은 포함되지 않았다).

표3-6-1은 JI, CDM 대상국별로 조림사업의 건수 및 면적을 정리한 것이며, 교토의정서에 불참가의 방침을 정한 오스트레일리아 등도 장래에는 JI, CDM 대상국으로 될 가능성이 있으므로 이 표에 포함되어 있다. 건수로는 오스트레일리아가 20건으로 가장 많고 이어서 뉴질랜드, 칠레가 3건, 파푸아뉴기니아, 중국, 에콰도르, 브라질, 베트남, 남아프리카가 각각 1건으로 되어있다.

다음으로 표3-6-2는 2004년 말 시점의 자료이며 해외조림의 사업자를 업종별, 기업별, 대상국별로 정리한 것이다.

표3-6-2에서는 일부 간략화하여 표기하였으며 제지회사가 7개사, 상사가 7개사인데 비하여 소위 이업종 기업이 19개사에 달하고 있다. 최근 신규 프로젝트 2건을 포함하면 이업종 기업은 약 30개사에 이른다. 이업종 기업에는 전력회사가 6개사(7건), 출판·인쇄가 8개사, 자동차, 철강, 가스, 전기, 해운, 유통이 각 1개사 등이 있다. 이업종 기업의 출자국은 오스트레일리아에 집중되어 있으며 해외조림 대상국으로 국가리스크, 기반시설, 토지제도 등으로 보아 오스트레일리아가 가장 적합한 것으로 평가되고 있음을 알 수 있다. 이와 같이 다수의 이업종 기업이 해외조림에 출자하는 이유는 온난화 대책에 있는 것으로 보고 있다. 장래 각 기업에 온실효과가스 저감량의 수치목표가 설정될 경우

JI, CDM 프로젝트의 해외조림에서 취득한 이산화탄소(CO_2) 흡수량을 배출량 저감에 활용하려는 출자목적을 알 수 있다.

[표3-6-2] 해외조림의 업종별, 기업별 건수

업종	기업명	선진국	도상국	합계
제 지	왕자제지	6	2	8
	일본제지	6	2	8
	미쓰비시 제지	2	2	3
	기타	5	1	6
	소계	**19**	**7**	**26**
상 사	미쓰이 물산	6	0	6
	이토추	4	1	5
	미쓰비시 상사	1	2	3
	스미토모 상사	0	3	3
	마루베니	2	1	3
	닛쇼이와이	2	1	3
	가와테쓰 상사	1	0	1
	소계	**16**	**8**	**24**
전 력	도쿄전력	2	0	2
	기타	5	1	6
	소계	**7**	**1**	**8**
자동차	도요타	2	0	2
기 타		20	0	20

주: 1) 선진국은 JI, 도상국은 CDM 대상 가능국.
2) 전력의 "기타"는 홋카이도, 도호쿠, 주고쿠, 시코쿠 각 전력 및 전원개발.
출처: 표3-6-1과 동일.

단, 현재 추진하고 있는 해외조림 사업이 그대로 JI나 CDM의 대상 프로젝트로서 인정될지는 미지수이다. 우선 무엇보다도 프로젝트 대상국(상대국)이 교토의정서에 비준한 것이 대전제가 되며, 가령 흡수원 CDM(CDM 조림) 프로젝트를 실시한다면 2-7~2-12에서 해설한 바와 같은 여러 과제를 해결해 나가야 한다. JI의 대상 프로젝트로서 조림사업을 하는 경우에도 배출저감 프로젝트에 비하여 유효화의 심사, 인증절차가 더욱 엄밀하게 이루어질 것으로 보인다. 또한 제지기업이 행하고 있는 해외조림 사업(산업조림)은 통상의 경영활동(business as usual : BAU)이며 교토의정서가 요구하는 "추가성"을 어떻게 처리하는가 하는 것도 문제이다(3-7, 3-8 참조).

이밖에 기업이 해외조림 사업에서 획득한 크레디트를 국내에서 배출저감목표를 달성하지 못한 경우의 땜질 방식으로 이용하는데 대한 비판적인 시각도 강하다. 지구 온난화 대책의 본래 목적은 어디까지나 온실효과가스의 배출저감에 있으며 이를 삼림의 CO_2 흡수작용으로 대체하는데 대해서는 반대한다는 의견이 NGO 등으로부터 되풀이해서 나오고 있다. 해외에서 조림사업을 하는 것 자체는 좋다 하더라도 그것을 JI나 CDM 프로젝트로 인정하여 참가기업에게 새로운 비즈니스 찬스를 주는 것에 대해서는 의문의 목소리가 있고, 기후변화협약 당사국 총회(COP) 등의 장(場)에서도 EU가 계속 문제시하고 있다. 이 문제는 지구온난화대책에 시장원리를 도입한 교토메커니즘의 시비론에도 관련되는 것으로서 쉽사리 결론이 날 수 없으리라고 본다.

7개사의 이업종이 연합한 대규모 조림 프로젝트

해외조림 사업에 대한 이업종 참여의 전형적인 사례로 오스트레일리아의 아델레이드(Adelaide)에서 추진하고 있는 공동조림 프로젝트가 있다. 2000년 9월 6일에 발표된 동 프로젝트의 보도자료에 따르면 참가기업은 미쓰비시제지, 호쿠에쓰제지, 미쓰비시상사 외에 이온, 중부전력, 도쿄가스, 일본우선(日本郵船) 등의 합계 7개사에 이르고, 「본 사업은 일본기업이 추진하는 합작사업 중 참여하는 기업의 수 및 업종의 다양성 면에서 최대급이 된다」 라고 되어있다. 조림면적은 1만ha에 이르고 유칼리를 연간 1,000ha씩 10년 동안에 조림할 계획으로 되어있다. 총 사업비는 약 49억 엔, 사업기간은 50년으로 예상하고 있다. 출자비율은 표3-6-3에 표시한 바와 같으며 미쓰비시제지 35%와 호쿠에스제지 15%로 50%, 다른 50%는 10%씩 분담출자하고 있다. 이 사업이 JI로서 성립하는 경우 프로젝트에서 획득한 CO_2 흡수량으로 인한 크레디트는 출자비율에 따라 각 사에 분배될 것으로 보인다.

[표3-6-3] 오스트레일리아 아델레이드 공동 조림사업 출자비율

참여기업	출자비율
미쓰비시제지	35%
호쿠에쓰제지	15%
이온	10%
중부전력	10%
도쿄가스	10%
일본우선	10%
미쓰비시상사	10%
합계	**100%**

출처: 동 사업 보도자료

3-7 CDM 조림 프로젝트의 과제와 전망

청정개발체계(CDM)은 교토메커니즘 가운데에서 개발도상국이 참여할 수 있는 유일한 내용이며 호스트국(개발도상국)의 지속 가능한 발전에 이바지한다고 하는 의의가 있다. 한편 선진국(부속서 I 국)으로서는 배출저감목표의 달성이나 크레디트 획득의 방법으로 활용할 수 있다. 더욱이 CDM 조림 프로젝트는 많은 개발도상국에서 실시 가능하고 온난화 방지뿐 아니라 삼림감소의 방지, 빈곤대책에도 공헌할 수 있다. 따라서 CDM 조림 프로젝트는 매우 추천할 만한 일이지만 2-7~2-12 등에서 설명한 바와 같이 기후변화협약 제10회 당사국 총회(COP10) 때까지 결정된 CDM 조림의 운영규칙은 복잡해서 알기 어렵고 그야말로 개념은 단순하지만 실천은 어렵게 되어 있다. 프로젝트 실시에 있어서 운영규칙이 융통성도 없이 적용된다면 CDM 조림 본래의 취지에 맞는 사업이라도 실시할 수 없는 가능성마저 있다. 특히 운용규칙을 어떻게 해석하고 CDM 이사회(EB)의 방법론 패널(methodology panel)이 납득할 수 있는 베이스라인이나 모니터링의 신 방법론을 구축할 수 있는지의 여부가 당면의 중요한 과제로 되어 있다.

따라서 CDM 조림 프로젝트를 실시하는데 있어서의 현실적인 과제를 정리하여 향후를 전망해보고자 한다. 우선 배출원(배출저감)을 포함한 CDM 프로젝트 전반의 현황부터 살펴본다.

1. CDM 프로젝트의 전반적인 현황

UN의 정식등록까지 완료한 CDM 프로젝트는 2005년 7월 20일 현재 12건이고, 여기에 일본이 투자국인 4건이 포함되어 있다(그 중 1건은 네덜란드, 영국과 공동). 프로젝트의 내역을 표3-7-1에 표시하였으며, HFC23 파괴, 메탄가스 회수와 같이 투자효율이 좋은 프로젝트(주1)나 수력·풍력·바이오매스· 발전 등과 같은 베이스라인이나 방법론이 용이한 것이 선행하고 있다. 투자국은 네덜란드가 4건으로 일본과 함께 많다. 호스트국은 인도, 혼듀라스(Honduras)가 각 3건, 브라질, 칠레, 볼리비아, 부탄, 중국, 한국이 각 1건으로 중남미, 아시아에 집중되어 있다.(주2) 이밖에 약 100건의 안건이 CDM 이사회에 제출되어 심사 중에 있으며 브라질과 인도에서 제출한 안건이 많다. 이 양국이 CDM 프로젝트의 톱 주자로 알려져 있다.(주3)

[표-3-7-1] UN에 정식으로 등록된 CDM 프로젝트의 내역

프로젝트 분야	건수
HFC23 파괴	2
폐기물 처리장 메탄 회수	2
수력발전	5
풍력발전	1
바이오매스 발전	1

출처: http://cdm.unfccc.int/project/registerd.html

한편 일본정부가 승인한 CDM 프로젝트는 2005년 7월 현재 16건(3-11 참조)이며 이 가운데 4건이 UN에 정식으로 등록되어 있다. 그리고 CDM 조림 프로젝트는 18건 중에 포함이 안되어 있다.

2. CDM 조림 프로젝트의 현황 – CDM 이사회 제출안건의 분석

다음으로 CDM 조림 프로젝트에 초점을 맞추어 현황을 분석한다.

CDM 이사회에 프로젝트 설계서(PDD)를 제출한 CDM 조림 안건은 2005년 7월 14일 현재 11건으로 되어 있으며 내역은 표3-7-2와 같다. 단, 1번과 5번의 벨리즈(Belize) 프로젝트는 동일하기 때문에 실질적으로는 10건이다. 이 10건의 프로젝트의 특징을 분석한 결과는 다음과 같다.

- **호스트국 기안형 프로젝트가 많다.**

표3-7-2에서 투자국의 난을 보면 공란이 많다. 투자국이 명시되어 있는 것은 캐나다, 독일뿐이다. 전통적인 과정대로라면 투자국의 사업자가 PDD를 작성하여 투자국과 호스트국의 승인을 얻어 CDM 이사회에 제출하는 것이 통상적인 절차이다(2-1 참조). 그러나 표3-7-2 가운데 5, 8, 9번을 제외하고는 투자국 미정, 비승인 상태로 PDD가 방법론 패널에 제출되고 있다. 이는 호스트국 주도로 CDM 조림 안건이 추진되고 있기 때문이다.

즉 호스트국의 사업자, NGO나 국제기관이 프로젝트를 입안하고 투자국(사업자)이 미정인 상태로 PDD를 작성하여 방법론 패널의 심사를 받아서 승인을 받은 후에 투자자와 투자국을 모으고 CDM 이사회의 심사를 거쳐서 정식으로 승인 받는다는 방법이다. 말하자면 호스트국 제안형이라고도 할 수 있는 절차이다.

[표3-7-2] CDM 조림 프로젝트 제출안건 일람 (2005년 7월 20일 현재)

번호	분야	호스트국	투자국 (기관)	방법론 심사상황
1	R	(벨리즈)	(캐나다)	EB18 각하 (C 판정)
2	R	브라질		EB18 각하 (C 판정)
3	TP	탄자니아세계은행 BCF		EB20 각하 (C 판정)
4	R	우루과이		EB20 각하 (C 판정)
5	R	벨리즈	캐나다	EB20 각하 (C 판정)
6	A	인도		ARWG5에서 심의예정
7	SC	몰도바		ARWG5에서 심의예정
8	R	우간다	독일	
9	R	파라과이	독일	
10	R	중국	세계은행 BCF	
11	R	에콰도르		

출처: http://cdm.unfccc.int/methodologies/Armethodologies/process
제13회 COM/JI조림 추진검토 WG 회의자료 (임야청 2005년 7월 19일)
주: 번호 : 방법론 심사번호 ARNM0001 - 0011
분야: R - Reforestation, A - Afforestation, TP - Tree Planting,
SC - Soil Conservation (A/R 중의 한쪽은 불명)
EB: CDM이사회 EB18은 제18회 (2005년 2월), EB20은 제20회 (2005년 7월)
ARWGS: 제5회 조림WG 회의 (2005년 8월)
1번과 5번은 동일 프로젝트 (No.1은 각하되고 No.5로서 재제출)

이 방법은 투자국이 호스트국에게 사업을 권유하는 CDM 본래의 절차와는 달리 일방적(Unilateral)인 형식에 가까운 발상으로 이루어지고 있다. 예컨대 11번의 에콰도르 프로젝트에서 제출한 PDD의 경우는 일본기업((주)리코)이 크레디트 구입 예정자로 표시되었으나 투자국이 일본이라고 적혀있지 않았다. 또한 6번의 인도 프로젝트는 일본의 JQA((재)일본품질보증기구)가 지정운영기관(DOE)으로 되어있으나 프로젝트 자체는 인도의 NGO가 입안한 것으로서 투자국은 미정이다. 덧붙여 말하면 , No.10번의 투자기관은 세계은행의 BCF(3-3 참조)이다.

앞으로도 이와 같이 호스트국의 유력한 NGO나 사업자, 국제기관 등이 CDM 조림 프로젝트를 가동하여 방법론 패널의 승인을 얻어 투자자(크레디트 구입자)를 모으는 방법이 증가할 가능성이 있다. 투자자가 되는 국가나 기업이 볼 때는 CDM 조림의 가동에 필요한 비용과 노력없이 크레디트 구입의 기회가 생기게 되는 것이다. 특히 CSR(기업의 사회적 책임)에 대한 대응을 서두르는 대기업을 중심으로 이 방식에 대한 관심이 높아질 것으로 생각된다.

• **국제적인 네트워크를 살린다.**

국제적인 네트워크를 활용하여 CDM 조림 프로젝트를 가동을 지향하는 경우 눈에 보인다. 전형적인 것은 11번의 에콰도르 프로젝트로서 이것은 미국의 유력 NGO인 컨서베이션 인터내셔널(CI)이 에콰도르의 두 NGO와 연계된 프로젝트이다. PDD 작성이나 모니터링 등의 기술면은 영국의 환경 컨설턴트 Eco Securities사가 담당하고, CI 일본지부가 전술한 (주)리코와의 크레디트 구입에 대한 절충을 담당하고 있다.

• **사업기간, 크레디트는 장기간이 많다.**

현재 심사를 계속하고 있는 3번~11번의 안건을 보면 사업기간은 20년이 1건, 30년이 4건, 3×20년(60년)이 4건이다. 또한 크레디트는 모든 안건에서 ICER이다(주4). CDM 조림 프로젝트의 경우에는 사업기간과 크레디트 모두 장기적인 시점에서 대처하려는 경향이 있음을 엿볼 수 있다.

3. CDM 조림 프로젝트 심사의 현황

CDM 조림 프로젝트를 실시하려면 우선 프로젝트 설계서(PDD)에 표시한 베이스라인과 모니터링 방법론(Methodology)에 대한 심사를 받아야 한다(2-1 참조). 제출한 신방법론은 CDM 조림 실무 그룹(Working Group on Afforestation and Reforestation Project Activities : A/R WG)에서 심사를 받고 A/R WG는 CDM 이사회(EB)에 심사결과의 권고(Final Recommendation)를 제출한다. CDM 이사회는 이 권고에 입각하여 판정을 하고 승인, 각하(C)의 결정을 내린다. 즉, A/R WG가 실직적으로 방법론 패널의 역할을 담당하고 있다고 할 수 있다.

실제의 프로세스를 살펴보면 표3-7-2의 1번 벨리즈, 2번 브라질의 안건은 2005년 1월의 A/R WG에서 검토되어 EB18로 각하(C판정)된 것이다. 그 후 1번 벨리즈 안건은 수정하여 5번으로 재제출 하였으나 5월의 EB20에서 재차 각하되었다. 또한 6번 인도, 7번 몰도바의 안건은 2005년 8월의 A/R WG에서 심사할 예정이며, 신방법론으로서 인정될 가능성이 높은 것으로 전망되고 있다(2005년 7월 현재).

[표3-7-3] CDM 조림 실무 그룹 (A/R WG)의 멤버

멤버	선출
Mr. Martin Endelrin (스위스 AIJ 오피스) 〈의장〉	EB멤버에서 선출
Mr. Jose Domingos Miguez (브라질 과학기술성) 〈부의장〉	
Ms. Carmenza Robeldo Abad (콜롬비아 Intercooperation (스위스 NGO) & 스위스 연방연구소)	공모로 선출
Mr. Paul Victor disanker (말라위 버지니아대학 환경과학부)	
Mr. Wojciech Seweryn Galinski (폴란드)	
Mr. Lucio Pedroni (스위스, 열대농업연구 고등교육센터 (코스타리카))	
Mr. Shailendra Kumar Singh (인도)	

이상과 같이 CDM 조림 프로젝트를 실시하기 위한 열쇠를 쥐고 있는 것은 A/R WG이다. 그 멤버는 표3-7-3과 같이 7명으로 구성되어 있다. 이것을 자세히 살펴보면 투자국보다는 호스트국의 멤버가 많고 또한 삼림보다도 환경문제에 밝은 위원이 많다.

제20회 EB에서는 A/R WG의 업무량이 증가하는 경향이 있기 때문에 회의시간의 횟수를 늘릴 필요성이 제기되었으나 CDM 조림 프로젝트를 추진하기 위해서는 심사의 신속화가 요구된다. 위원의 재선정에 투자국의 멤버나 삼림전문가를 늘리는 것도 요구된다.

한편 신방법론의 심사에서 가장 문제가 되는 추가성에 관하여 2005년 7월에 A/R WG로부터 다음 항과 같은 "추가성 방법" 안이 발표되었다. 이것이 정식으로 결정되어 사업자의 프로젝트 설계서(PDD) 작성이 용이해지고 심사도 신속해질 것으로 기대된다.

4. CDM 삼림의 추가성 방법 (안)

「CDM식림의 추가성 증명 및 추가성 방법」(추가성 방법) 안이 A/R WG에서 2005년 7월 12일에 발표되었다(8월 8일 까지 퍼블릭 코멘트 중). 그 요점은 다음과 같다.

(1) 추가성 (서문)

추가성의 내용(기준)에 관해서는 2003년 12월의 COP9에서 다음과 같이 결정되었다.

「An afforestation or reforestation project activity under the CDM is additional if the actual net GHG removals by sinks are increased above the sum of the changes in carbon pools within the project boundary that would have occurred in the absence of registered CDM afforestation or reforestation project activity.」

이번 A/R WG가 공표한 추가성 방법(안) 의 서문에 표시되어 있는 추가성에 관한 설명도 이와 거의 동일하다(117의 컬럼 참조).

(2) 장애물 분석 (Step3. Barrier analysis)

장애물 분석은 독립된 추가분석으로서 또는 투자분석의 확대로서 실시하도록 하고 있다. 그리고 제안되는 프로젝트 활동의 실시를 방해하고 있는 장애물(barrier)을 다음과 같이 예시하고 있다.

- 투자 장애물 (Investment barrier)
  - 이 타입이 프로젝트에서는 필요자금의 차입이 곤란
  - 투자상대국의 투자 리스크 때문에 국제자금시장에서 자금조달이 곤란
  - 크레디트에 대한 액세스의 결여
- 제도상의 장애물 (Institutional barrier)
  - 정부의 정책, 법률상의 변경에 대한 리스크
  - 삼림정책의 시행, 토지이용 등록제도의 결여
- 기술상의 장애물 (Technological barrier)
  - 조림자재의 액세스 결여
  - 기술을 적용하는 인프라의 결여

- 전통에 관련한 장애물 (Barriers related to Local Tradition)
  - 전통적 지식 또는 법률, 습관, 시장의 상태, 실행 등에 관련하는 전통의 결여
  - 전통적 기구, 기술
- 통상실시에 따른 장애물 (Barriers due to prevailing practice)
  - 프로젝트가 이 종류의 프로젝트로서는 최초인 것(First of its kind).

이 타입의 프로젝트는 그 호스트국 또는 지역에서 실시된 적이 없다.

- 생태계의 상태에 기인하는 장애물 (Barriers due to local ecological conditions)
  - 토양열화, 자연현상, 인위적 대재해, 서리·건조 등의 기상조건, 수목의 자연갱신을 저해하는 종류의 침투(풀이나 덩굴 류 등), 기타
- 사회상황에 기인하는 장애물(Barriers due to social conditions)
  - 토지에 대한 인구압력(인구증가에 따른 토지수요의 증대)
  - 프로젝트 실시지역에서의 이해관계자로 인한 사회적 대립
  - 비합법적행위의 만연(위법방목, 벌채, 채취 등)
  - 훈련 또는 숙련작업원의 부족
  - 지역 커뮤니티, 지역조직의 결여

(3) 토지에 관한 프로젝트 적합성 평가

CDM 삼림의 특징에 관한 예비적 심사로 다음의 두 항목을 들고 있다.

① 프로젝트 참가자는 계획한 프로젝트 경계 내의 토지가 CDM 조림 프로젝트에 적합하다는 것을 증명할 것.

② 프로젝트 참가자는 프로젝트 활동이 직접적 인위적인 행위에 기초함을 증명할 것(예컨대 프로젝트 시작 전의 자연발생적 과정의 연속이 아니고 조림이나 파종인 것에 대한 증명).

특히 ①에 대해 신규 조림의 증명에 관해서는 50년 전의 상황에 관한 정보, 재조림의 증명에 관해서는 1989년 말 시점의 상황에 관한 정보가 필요할 것으로 보이지만 많은 개발도상국에서는 정보입수의 곤란이 예상된다. 따라서 호스트국의 실정에 다라 대응할 수 있는 방법을 검토하는 것이 중요하다.

(주1) HFC23의 온실효과 계수는 이산화탄소(CO_2)의 11,700배, 메탄가스는 똑같이 21배로 CO_2 자체를 저감하는 프로젝트에 비하여 저감효과가 크고 크레디트 양도 많아짐.

(주2) http://cdm.unfccc.int/project/registered.html

(주3) 2005년 5월 20일 현재로 유효성심사 종료 또는 실시 중인 65건의 CDM 프로젝트가 있음.

(주4) 임야청 및 (주)JACO CDM의 후쿠다 데루오(福田輝夫) 시의 자료에 의거함.

3-8 CDM 조림과 산업조림

3-7에서 해설한 바와 같이 CDM 조림 프로젝트를 실시하는데 있어서 현 단계에서는 몇 가지 과제가 있다. 이 과제를 넘기 위하여 가장 주목해둘 것은 기업이 행하고 있는 산업조림과의 관계일 것이다. CSR(기업의 사회적 책임)의 일환으로 해외에서의 삼림조성이나 정비에 나선 기업의 자세가 CDM 조림 프로젝트와 잘 합치되면 온난화 방지를 진행하는 데에 큰 추진력이 될 것이다. 따라서 CDM 조림과 산업조림과의 관계에 대하여 서술하고자 하다.

1. 일본기업의 개발도상국에서의 산업조림 추진상의 장애

3-6에서 설명한 바와 같이 제지업계를 중심으로 하는 일본기업의 해외 산업조림사업 32건 가운데 JI 대상국에서 23건, CDM 대상국(개발도상국)에서 9건을 실시하고 있으며 JI 대상국이 압도적으로 많다 (표 3-6-1). 또한 1995년 이후에 CDM 대상국에서 착수한 사업은 왕자제지가 실시한 베트남(1995년), 중국(2003년), 라오스(2005년), 일본제지 등이 실시한 남아프리카(1996년), 비쓰비시 제지 등의 에콰도르(2001년) 5건에 불과하고, 동남아시아에서는 베트남과 라오스의 2건 뿐이다.(주1) 왜 JI 대상국인 뉴질랜드나 오스트레일리아에서 일본기업의 조림사업이 많이 이루어지고 있는가. (독)임목육종센터 이사장이며 전 (사)해외산업식림센터(JOPP) 전무이사인 田野岡章는 그 요인 및 특징

을 다음과 같이 분석하고 있다.

① 넓은 토지를 구입 또는 장기간 임대하여 현지에 사업회사를 설립하고 있다.

② 환경보호·지구 온난화 문제에 대응할 목적으로 종이의 사용자, 전력 등의 회사가 사업회사의 내부나 주변지구에서 참가하고 있다.

③ 조림 전의 용지는 목초지·황폐지 당초에는 산림이 아니었던 곳이 많다.

④ 경제성의 면에서 수종은 속성수종인 유칼리, 아카시아가 많다.

또한 개발도상국에서 조림사업을 실시할 때의 과제로 인구증가나 토지에 관련하는 법 제도나 그 운용이 반드시 원활한 것은 아니며 특히 용지확보가 어렵다는 것을 들고 있다.(주2)

즉 일본기업에 있어 뉴질랜드나 오스트레일리아는 조림사업의 국가적 위험도, 법이나 제도면에서의 투자요건이 갖추어져 있지만 개발도상국은 그런 요건이 갖추고 있지 않다는 것을 지적하고 있는 것이다.

예를 들어 인도네시아를 보면 최근 수년동안 주민문제나 지방분권 문제 때문에 조림사업을 추진하기에는 지극히 곤란한 사회·경제 정세에 처해있고, 종래의 산업조림방식(HTI)으로 외국계가 신규 참여한 사례는 볼 수 없게 되었다. 따라서 인도네시아에서는 BAU(Business as usual : 통상적인 사업)로 일본기업이 조림사업에 신규 참여하기는 어렵다고 할 수 있다. 이밖에 많은 개발도상국도 인도네시아와 유사한 문제를 내포하고 있다. 따라서 일본기업이 추진하는 조림사업에 대한 신규투자가 극히 적은 상황으로도 이해할 만 하다.

2. 일본기업의 새로운 조림방식

기업의 해외산업조림은 종래 수만 ha의 단일 대면적 조림방식이 일반적이었다. 그러나 최근에 현지의 사회상황 등을 감안하여 스미토모 임업(주)와 왕자제지(주)가 인도네시아나 베트남에서 새로운 방식의 조림을 전개하고 있다. 필자는 이 새로운 조림방식을 소규모 분산형 조림, 기업이 실시하는 사회 임업형 조림이라 부르고 있으며, 이것은 CDM 조림 프로젝트를 실시하는 데 있어서도 참고사례가 될 것으로 생각되어 그 개요를 아래에 소개하고자 한다.

대면적 집약형이 아닌 소면적 분산형 조림은 종래의 개념을 크게 바꾸는 것이지만, 인도네시아와 베트남의 사회시스템이나 토지제도를 생각할 때 보다 현실적인 방식이다.

왕자제지가 베트남의 QPFL사에서 추진하고 있는 조림지는 베트남 지역의 50개소에 분산되어 작은 곳은 수십ha, 1개소 평균 200ha 규모이며 전부 모으면 약 1만ha가 된다. 조림지는 모두가 정부로부터 임대한 곳이며 그 지역의 자치단체의 동의를 얻어 긴밀한 연계를 유지하면서 추진하고 있다. 왜냐하면 마을 뒷산과 같은 곳도 많아 지역 주민들과의 관계를 잘 유지하지 않으면 사업이 안되기 때문이다.

한편 스미토모 임업이 인도네시아에 설립한 KTI사는 자바(Java)주 일대에서 조림사업을 전개하고 있다. KTI사는 Probolinggo시에 있는 목공제품, 합판공장의 원재료에 포함되어 있는 조림목의 비율을 2005년도까지 70%로 끌어올리는 것이 목표이며, 그 조림사업의 특징은 다양한 상대와의 공동사업으로 추진하고 있는 점이다. 상대방은 국영농원공사, 프로볼링고시, 스라바야 대학, 축산연구소 등이며 구체적으로는 공공기관과의 공동조림이나 농민과의 공동조림이라고 하는 형식을 취하고 있다(2003년도의 공동사업 상대는 11개에 이른다).

식재 면적은 매년 늘어 2004년까지의 누계 조림 나무 수는 약 360만 그루에 달한다. 조림지는 20개소 이상에 이르고 소규모인 곳이 3ha, 대규모인 곳은 500ha, 식재 수종은 팔카타, 발사(Balsa)를 포함하여 많은 수종에 이르고 있다.

또한 스미토모 임업의 인도네시아에서의 합판기업 RPI사는 파티클보드 공장을 스마랑(Semarang)시에서 경영하여 그 지역 주민이나 농민과 공동조림사업을 추진하고 있다. 이 사업은 Gmelina arborea 또는 Acacia Mangium 등의 묘목을 지역 주민이나 농민에게 무상으로 제공하고 육성 후에 RPI사가 사들이는 방식으로서 2004년도까지의 조림실적은 230ha에 약 92만 그루이며 1,000ha를 목표로 삼고 있다.(주3)

이상과 같은 왕자제지와 스미토모 임업이 추진하는 조림방식은 지역사회 밀착형으로서 지역의 경제발전에 효과적인 동시에 조림 활동을 지역 주민에게 보급한다는 파급효과도 낳고 있다. 따라서 넓은 의미에서의 기업에 의한 사회임업이라 할 수 있으며 21세기의 기업으로서 지상명제인 지역과의 공생, 환경에의 공헌으로 이어지는 시도라고도 평가할 수 있다.(주4)

동시에 이들 일본기업에 의한 새로운 조림방식은 CDM 조림의 의의에 부합하는 것이며 특히 「추가성」과 BAU의 문제를 해소할 수 있는 프로젝트로서 주목받고 있다.

3. 소규모 CDM 조림 프로젝트의 산업조림에의 적용

2-12에서 해설한 바와 같이 소규모 CDM 조림을 실시하는 데 있어서는 식재 면적이 300~1,000ha 이하(임야청 추산)이고 저소득층의 커뮤니티와 사람들의 사업에 대한 참여가 요건이 된다. 또한 앞에서 설명한 소규모 분산형 조림도 인정을 받고 있다.

따라서 여기서 소개한 왕자제지나 스미토모 임업이 실시하고 있는 조림사업의 개념이나 사업형태는 소규모 CDM 조림 프로젝트를 산업조림에 적용할 때의 하나의 모델 케이스가 될 가능성이 있다. 기업에 의한 산업조림이더라도 주민 참가형의 소규모 분산형 방식으로 하면 소규모 CDM 조림의 요건을 충분히 충족시킬 수 있기 때문이다.

4. 사업자의 책임기간

2-9에서 설명한 바와 같이 CDM 조림 프로젝트에 있어서의 크레디트 발생기간은 최장 60년(20년을 2회 갱신 가능) 또는 30년(갱신 없음)으로 되었다. 즉 사업자는 60년과 30년의 크레디트에 책임을 지는, 바꾸어 말하면 그 기간은 조림사업에 책임을 지고 있는 셈이 된다.

다른 각도에서 본다면 사업자는 크레디트 발생기간에 있어서의 토지의 권리나 법, 제도의 계속적 측면에서 호스트국(개발도상국)의 권위 있는 보증을 요구할 만도 하다.

요컨대 사업자는 CDM 조림 프로젝트를 실시함으로써 앞서 말한 국가 리스크를 저감시킬 수 있는 가능성이 생기는 것이다. 또한 종래

NGO가 해외에서 수행해 온 조림사업은 심기만 하는 경우를 종종 볼 수 있었지만 CDM 조림 프로젝트로 함으로써 장기간에 걸쳐 숲 만들기가 의무화되어 결과적으로 지역사회에 보다 큰 공헌을 하게 된다고도 생각할 수 있다.

5. 사업자의 이익

사업자가 CDM 조림 프로젝트에 참여할 것인지의 여부를 판단하는데 있어서 가장 중요한 점은 경제적 이익의 유무일 것이다. 프로젝트 계획서(PDD) 작성이나 CDM 수속에 드는 비용이 필요한 노력에 합당한 이익을 가져오는가. 나아가서는 통상의 사업(BAU)에 비하여 가 아니기 때문에 채산이 낮고 예측되는 추가비용, 예컨대 호스트국의 지속가능한 발전에 공헌하기 위한 비용이나 환경보전을 위한 비용을 부담하더라도 사업성(채산성)이 있는가 등이다.

한편 CDM 조림사업으로 획득할 수 있는 크레디트(tCER, lCER)의 양과 가격의 장래성은 현재로서는 불투명하다. 또한 이 크레디트 가격의 바탕이 되는 탄소의 시장가격 역시 현재로서는 불투명하다. 크레디트 가격의 바탕이 되는 탄소의 시장가격은 2-17에서 설명했듯이 현재 EU ETS 등의 시장가격은 오르기는 했으나 CDM 조림 프로젝트의 실시에 따르는 비용에 합당한 큰 수입을 tCER나 lCER의 크레디트 가격에 요구하기는 어려울 것으로 생각된다.

이와 같은 현상에 비추어볼 때 CDM 조림 프로젝트의 사업자에게 인센티브가 될 만한, 국가의 tCER, lCER 매입 등의 장치를 검토해야 하리라고 본다. 또한 향후 각 사업자에게 CO_2 저감목표가 할당될 경우 CDM에서 얻게 되는 tCER이나 lCER을 보완적 조치로서 저감목표에 편입시키는 것도 포함하여 국내 제도상의 검토도 서두를 필요가 있다. 또한 CDM 조림을 추진하기 위한 A/R CDM기금 등 사업자 지원 제도의 검토도 필요할 것이다.

본서에서 재삼 설명하고 있는 교토메커니즘, 그 중에도 청정개발체계(CDM)는 환경과 비즈니스의 양쪽의 관점에서 대처하여야 하며 민간사업자의 참가 없이는 추진하기가 어렵다. 만약 CDM 조림 프로젝트가 실패하면 지구 온난화 방지의 국제적인 협약 자체가 기능을 상실할 우려도 생긴다. 그와 같은 사태는 피해야 한다.

(주1) (사)해외산업식림센터 자료에 의거함.

(주2) 田野岡章 「일본기업에 의한 해외산업조림의 현상과 과제」(『森林環境 2004』에 의거)

(주3) KTI사, RPI사의 신방식 조림사업은 스미토모 임업이 열대림 재생 프로젝트에서 배양한 기술, 경험, 인재가 살아있는 것으로서 동사가 인도네시아에서 관리, 경영해온 스브루 실험림에서의 13년 이상에 걸친 성과가 결실한 것이라 할 수 있음.

(주4) 小林紀之 「일본기업에 의한 해외조림과 교토메커니즘」『森林環境 2004』 에 의거.

3-9 일본국내의 배출권거래 (ET)

3-1에서 해외에 있어서의 배출권거래(ET)의 사례를 소개하였으며, 일본국내에서도 교토메커니즘의 본격적인 가동에 대비하여 여러 가지 시행사업이 이루어지고 있다. 여기서는 국가, 자치단체 및 기업 차원에서의 대표적인 활동을 소개한다.

1. 환경성의 자주참가형 배출권거래 제도

환경성은 2005년도부터 「자주참가형 배출권거래 제도」를 실시하고 있다. 이 사업은 배출권거래 제도를 시험적으로 도입하여 비용효과적이면서 확실하게 온실효과가스 배출량을 저감하는 것이 목적이다.

이러한 제도에는 다음 두 가지 방법으로 참가할 수 있다.

① **목표보유 참가자** … 일정량의 배출저감을 약속하고 에너지저감·석유대체 에너지에 의한 이산화탄소(CO_2) 배출억제 설비 도입에 대한 보조금과 배출범위의 교부를 받는 참가자.

② **거래 참가자** … 배출량의 거래를 목적으로 등록부에 계좌를 설정하고 거래를 하는 참가자(거래 참가자에게는 배출량의 초기할당은 없다).

① 목표보유 참가자에 대해서는 2005년 2월 하순~4월 상순에 공모를 하여 심사 후 동년 5월에 34사를 결정하였다(② 거래참가자의 모집은 2005년도 후반에 실시예정).

배출량거래 제도에 참가하도록 결정된 34사가 약속한 온실효과가스의 배출 저감량은 각 사의 기준년도배출량(2002~2004년도의 평균배출량) 비율이 21%로 되어 있다. 각 회사에는 배출저감 대책을 위한 설비도입 보조금이 교부되고 2005년도 중에 설비를 정비한다(보조금 총액은 25억 9,634만엔, 보조액은 사업에 필요한 경비의 1/3). 그 후 2006년도 말에 그 해의 배출량을 산정하여 제3자의 검증을 받도록 되어 있다. 배출량은 2006년 4월에 교부하여 거래 가능하게 된다(배출량의 교부량은 기준년도 배출량−2006년도 배출저감 예측량). 배출량의 거래기간은 2006년 4월부터 1년간으로 되어 있으며, 2006년도 종료 후(2007년 3월 말) 검증을 받은 2006년도 배출량에 따른 배출량(CDM의 크레디트도 이용가능)을 등록부 상에서 상각해야 한다. 필요량의 배출량을 상각 못하는 경우에는 보조금을 반환해야 하는 경우가 있다.

또한 환경성은 2002년~2004년 동안에 「온실효과가스 배출권거래 시행사업」을 실시해왔다. 2002년도에는 「미에현형 CO_2 배출량거래 제도 제안사업」(컬럼 참조)을 지원한데 이어 2003년도부터는 사업자가 자주적으로 참가하는 국내 배출량거래를 시험적으로 실시하는 사업을 전개하였다.

일본 미에현의 CO_2 배출권거래 제도 제안사업

일본 배출량거래의 시뮬레이션으로서 환경성의 지원을 받은 「미에현형 CO_2 배출량거래 제도 제안사업」이 2002년도에 실시되었다. 이 사업은 미에현과 현 내의 약 30개 기업이 연계하여 참가기업의 CO_2 배출량이나 삼림정비에 의한 CO_2 흡수량(싱크) 등을 크레디트로 간주하여 컴퓨터 상에 가상적으로 설치한 시장에서 크레디트의 매매를 실시한 것이다.

실시에 있어서는 미에현의 지역특성을 살려 삼림에 의한 CO_2 흡수량 외에 재생가능 에너지로서 주목을 받고 있는 RDF발전(주)에 의한 CO_2 배출량 저감의 크레디트화를 실시하였다. 삼림분야에서는 채산이 맞지 않아서 방치되어 있던 삼림을 정비하여 그 CO_2 흡수량을 크레디트화 하였다. 삼림에 의한 CO_2 흡수량을 크레디트화 하여 매매가능하게 함으로써 민간자본으로 삼림정비를 이루는 동시에 삼림행정의 활성화에도 이어진다는 것이 확실해졌다. 미에현 환경부 대기환경 팀 담당자도 일본내 배출권거래 제도로 삼림의 CO_2 흡수량을 크레디트로서 인정해야 한다고 강력하게 주장하고 있었다.
이 사업은 2003년도에도 「지역제안형 CO_2 배출권거래 제도 검토사업」으로 계속되어 보고서가 작성되어 있다.

(주) RDF 발전이란 쓰레기를 RDF(Refuse Derived Fuel)화하여 이것을 연소시켜서 발전을 하는 것.

경제산업성도 2003년 4월부터 크레디트(배출 저감량) 거래·이전 시행사업을 실시하였다.

이와 같이 일본국내에서 배출권거래에 관한 시행사업이 계속됨으로써 배출량의 산정·검증방법이나 발생한 크레디트의 거래·이전 방법 등에 관한 기술적인 연구가 진행됨에 따라 참가사업자의 경험이 증가할 것이 기대된다.

2. 지방분권연구회, 동경도 사이타마현의 검토상황

일본 이와테·미야기·가나가와·기후·와카야마·돗토리·후쿠오카·사가의 8개현의 지사와 경제계·학계의 전문가로 조직되어 있는 지방분권연구회가 삼림의 CO_2흡수량(흡수범위)을 포함한 「온실효과가스 배출권 모의거래」를 2004년 9월에 실시하였다. 이와테·기후·와카야마

·후쿠오카·사가의 5현에서 일반기업 18개사와 임업자 13개사·단체(현유림 소유자를 포함)가 참가하여 인터넷 상에서 가상거래를 한 것이다. 그 결과를 바탕으로 2004년 12월에는 「임업인에 대하여 추가적인(삼림)정비에 따른 삼림 흡수량에 합당한 크레디트를 교부하여야 한다」는 등의 국내제도의 방향에 관한 제언을 정리하여 정부에 제출하였다. 이 제언은 지방분권연구회의 홈페이지(http://www.bunken.gsec.keio.ac.jp/)에 공개되어 있다.

이밖에 자치단체 차원의 동향으로는 도쿄가 「도시와 지구의 온난화 저지에 관한 기본방침」을 2002년 11월에 작성하여 여섯 가지의 도전을 내걸었다. 그 첫 번째 도전으로 오피스 등의 대규모사업소를 대상으로 하는 CO_2 배출량 저감의 의무화를 들고 있다. 구체적으로는 2003년 4월에 대규모사업소를 대상으로 하는 「지역 온난화 대책 계획서」 제도를 가동시켜 2005년도부터 이 제도를 확충, 강화하였다.

이 제도는 동경도내에 있는 사업소에 대하여 ① 지사가 책정하는 「지구 온난화 대책 지침」에 기초한 저감목표 설정, ② 5년간의 대책계획 작성과 계획기간 중의 실시상황 보고를 의무화하고 도쿄도(東京都)가 트리플A에서 C까지의 5개 순위로 평가하여 특히 우수한 사업자를 표창하는 구조로 되어 있다.

대상으로는 ① 연료와 열의 사용량이 원유환산으로 연간 1,500kl 이상, ② 전기사용량이 연간 600만kWh 이상인 사업소로서 약 1,200개 사업소가 해당된다. 초년도(2005년도)에는 12월까지 정식 계획서를 작성(제출), 2년도째부터는 매년 6월 말까지 「배출현황보고서」를 제출, 3년도째에는 계획을 재검토하도록 하고 있다. 이러한 제도의 검토과정에서 저감목표를 달성하지 못할 경우의 보완적 제도로서 배출권거래 제도에 관해서도 논의가 되었으나 현단계에서의 도입에 대해서는 아직 결론이 나지 않았다.

또한 사이타마현은 2003년도에 「그린·트레이드 제도」로 통용되는 배출권거래 제도의 도입을 검토하였다. 이 제도는 조례로 현내의 대규모 사업소에 CO_2 배출량 저감계획을 의무화하고 계획달성을 위하여 배출권거래를 활용하는 것이다. 구체적으로는 현 등이 추진하는 삼림정비의 비용을 기업이 부담하면 현이 「그린증명」을 발행하여 CO_2 배출량이 일정범위 면제되게 되어 있다. 2006년도에는 기업간에 배출권이나 그린증서의 거래를 시작하는 것도 검토되어 삼림에 의한 CO_2 흡수량을 배출권거래의 대상으로 하는 안을 반영한 구상으로 주목되었으나 2004년 4월에 공표된 보고서에서는 현 시점에서의 제도화는 곤란하다고 판단되어 도입은 유보되었다.

3. 기업 내에서의 배출권거래

기업 또는 그룹기업 전체의 CO_2 배출저감 수단으로 기업 내에서의 배출권거래 제도가 마쓰시타 전기산업그룹이나 히타치 제작소, 코니카 등에서 도입되고 있다.

마쓰시타 전기산업그룹은 연결대상국 내의 125개 공장을 대상으로 2003년 10월부터 각 사업부문이나 그룹회사가 참가하여 가상거래를 개시한다고 발표하였다. 전년도 배출량에 대한 비율을 지표로 삼아 성장사업을 고려한 목표달성이 용이한 방식을 채택하기로 하고 있다.

또한 히타치 제작소도 사내실험을 시작하였다. 히타치 제작소에서는 배출량 저감목표를 절대치로 정하는 절대배출범위방식을 채용하고 연말에 집계하여 거래하는 방식을 취하고 있다(주).

마스시타 전기와 히타치 제작소는 다른 방식을 채용하고 있지만 양자가 모두 국내에서의 배출권거래 제도의 선행사례가 되며 앞으로 많은 기업에서 유사한 배출권거래 제도가 도입될 것으로 보인다.

해외에서는 BP(British Petroleum)과 쉘의 사내 배출권거래 제도가 유명하다. BP는 1998년부터, 쉘은 2000~2002년을 사업기간으로 정하고 실시하고 있으며 1990년 대비의 온실효과가스의 저감목표는 BP는 2010년까지 10% 저감, 쉘은 2002년까지 10% 저감으로 하고 있다. 모두가 채굴, 유전개발, 석유정제, 석유화학, 발전 등의 각 부문이 참가하여 부문 간의 캡 앤 트레이드 방식으로 행하고 있다.

(주)『日本經濟新聞』 2003년 7월 3일부.

3-10 삼림 흡수량 거래 시행사업

삼림에서 흡수한 이산화탄소(CO_2)의 소유권 문제나 국내에서 시행하고 있는 배출권거래 제도에 있어서의 삼림 흡수원의 취급 등에 관한 규정이나 논점에 대해서는 1-17이나 194쪽의 컬럼에서 설명한 바와 같다.

그런 가운데 2005년 4월에 「교토의정서 목표달성계획」이 각의에서 결정되어 환경세, 배출권거래(RT) 등 일본 내의 제도를 대표로한 논의가 활성화되고 있다.

그러나 삼림 흡수원을 이들 국내제도 속에서 어떻게 살려나갈 것인가, 공식의 논의 가운데에서는 주요하게 이루어지지 못하고 있다. 특히 일본 내에서의 배출권거래 제도에 대한 검토상황(3-9 참조)에 비하면 삼림 흡수원은 검토의 범위 밖에 놓여있는 감마저 든다.

한편으로 왕자제지(주), 일본제지(주), 스미토모 임업(주), 미쓰이 물산임업(주), 미쓰비시 머테리얼(주) 등의 거대 삼림경영기업의 유지가 모여 검토회를 열고 삼림 흡수원의 취급에 관하여 제언을 하는 움직임이 있었다.(주1) 그리고 몇몇 자치단체도 이 문제에 강한 관심을 보이고 있다.(주2)

이와 같은 상황을 감안하면 온난화 대책 국내제도의 공식검토 테이블에 삼림 흡수원 거래의 문제를 시급히 올려놓아야 한다.

교토의정서에서는 1-3에서 설명한 바와 같이 삼림 등 흡수원(싱크)에 의한 CO_2 흡수량을 한정적이기는 하지만 저감목표의 산정에 편입

시키는 것이 인정되고 있다. 또한 교토메커니즘의 배출권거래 등의 제도에서도 흡수원이 대상으로서 인정되어 있다. 교토의정서나 교토메커니즘에 있어서의 이와 같은 흡수원의 자리매김에도 불구하고 삼림이 흡수한 CO_2 소유권이나 그 배출권거래에 관하여 환경성이나 임야청이 검토에 소극적인 것은 다음 두 가지 이유가 클 것으로 보인다.

첫째, 삼림 흡수량이 배출권거래의 대상으로 매매되어 저감미달성분의 산입에 사용되면 「더블카운트」가 된다고 하는 교토의정서 목표달성계획 상의 "더블카운트론"이 있다(이미 본 바와 같이 일본의 저감목표 6% 가운데 3.9%는 삼림 흡수원의 작용으로 달성(39쪽 표1-5-2 참조)하도록 하고 있다).

또한 둘째 이유는 소유자에게 CO_2 소유권이 인정되고 흡수원 크레디트로서 해외시장에 판매된 경우(80쪽 컬럼 참조) 일본의 6% 저감목표에 구멍이 뚫려버리는 "저감목표 구멍론" 때문이다.

이밖에 흡수원을 배출권거래의 대상으로 한 경우의 모니터링이나 경제 코스트를 평가하는 어려움도 문제점으로 오르는 경우가 있다.

그런데 필자는 이제까지도 삼림이 흡수한 CO_2는 삼림소유자에게 귀속해야 하며 현재 국내제도로서 검토되고 있는 배출권거래 제도에 흡수원(sink)도 넣어야 한다는 것을 주장해왔다(194쪽의 컬럼 참조).

이제 앞서 말한 "더블카운트론"이나 "저감목표 구멍론"에 저촉하지 않는 방법으로, 그리고 장차 배출권거래 제도에 흡수원이 포함되는 데에 대비하여 우선적으로 "삼림 흡수원 거래제도"를 제안하고자 한다(주3). 이 안은 말하자면 배출권거래 시행사업의 흡수(Sink)판이라 할 수 있다. 그 개요는 다음과 같다.

① **취지** … 삼림소유자에게 인센티브를 부여함으로써 일본의 삼림 흡수원 대책을 효율적으로 추진하는 동시에 삼림 경영의 활성화를 도모한다.

② **거래대상** … 교토의정서 제3조 4항에 규정된 「삼림 경영」 활동에 따라 흡수되는 이산화탄소.

③ **사업내용** … 타입Ⅰ과 타입Ⅱ를 둔다.

- 타입Ⅰ: 흡수량 증대를 대상으로 하는 사업. 참가기업, 사업주체는 경영삼림의 흡수량을 늘리는 사업을 하여 흡수량 증대목표를 설정한다.
- 타입Ⅱ : 프로젝트 베이스의 기술개발을 대상으로 하는 사업. 간벌, 복층림 시설 등의 기술개발을 실시하고, 기술개발을 실시하는 대상림의 흡수량 증대목표를 설정한다.
- 거래대상 : 타입Ⅰ, Ⅱ사업의 흡수량을 대상으로 하고 각각의 사업의 흡수량 증대목표 초과분과 미달성분을 흡수량 거래대상으로 한다.

④ **참가자** … 사유림(기업, 개인), 공유림을 경영(관리)하는 기업, 개인, 삼림조합, 지방자치단체 등으로서 소규모 소유자인 경우는 그룹화하여 흡수원(Sink)사업체를 형성할 수도 있다.

우선 선구적인 기업, 삼림조합, 자치단체 등으로부터 모델적으로 시행사업을 시작하고 서서히 참가자를 확대한다.

⑤ **제3자 심사인증기관** … 사업의 유효화 심사(Validation)나 흡수량의 검증(Verification)을 실시할 제3자 기관이 필요하여, 환경성, 경제산업성의 배출권거래 시행사업의 선례에 따라 일본 OE협회

(106쪽 참조) 멤버의 OE(또는 DOE)의 활용을 생각할 수 있다. 삼림 흡수원의 전문지식이 필요하기 때문에 싱크 전문의 OE 설립도 장차는 생각해야겠지만 당면은 기존의 OE와 일본삼림기술협회(일림협)나 전국삼림조합 연합회(전삼련) 등이 제휴하여 공동으로 행하는 것이 현실적이라 생각된다.

또한 이 흡수원에 대한 제3자 인증제도는 기업 등이 CSR 보고서나 환경보고서 등에서 공표하고 있는 소유삼림, 녹지 등의 흡수량 심사, 검증에 관해서도 있는 편이 바람직하고 그 필요성도 생길 것으로 보인다.

⑥ **흡수 증대량의 모니터링 방법** … 교토의정서 제3조 4항의「삼림경영」을 대상으로 하는 모니터링 방법을 기본으로 하고, 이 시행사업 중에서 사업에 적용하기 쉬운 간략한 모니터링 방법을 개발하는 것을 생각할 수 있다. 또한 현재 임야청의 사업으로서 삼림종합연구소나 일임협(日林協)이 추진하고 있는 모니터링방법을 이 시행사업에 적용하는 것도 생각할 수 있다.

⑦ **흡수량 거래의 시행**(試行) … 시행사업이기 때문에 금전이 따르지 않는 가상거래가 된다. 제도설계, 운영방법 등은 환경성의 자주 참가형 배출권거래 제도(223쪽 참조) 등이 참고가 될 것으로 생각된다.

⑧ **기타** … 이 시행사업을 검토, 추진하는 데 있어서는 산관학 공동으로 실시할 필요가 있고, 특히 기업이나 자치단체 실무자의 참가가 효과적이다. 또한 이 시행사업은 국가차원을 고려한 것이지만 도도부현 등의 자치단체 차원에서 시작하는 것도 현실적이라 생각된다.

(주1) 왕자제지, 일본제지, 스미토모 임업, 미쓰이 물산의 삼림 경영 관련부문의 부장급이 자주적으로 모여 2002년부터 2004년에 걸쳐 검토. 이 검토회에는 다소 늦게 미쓰비시 머테리얼의 담당자도 가세하였다. 정부의 「지구 온난화 대책 추진대강」이 2005년부터 제2단계로 들어가는 것을 계기로 제언을 하여 삼림소유자 측의 의견을 반영하고 싶어하는 의미가 있음.

(주2) 예를 들면 홋카이도의 시모가와초가 전국의 삼림소유 자치단체에 제안하여 2003년 6얼에 「삼림 흡수량을 활용한 삼림 경영에 관한 연구회」을 만들었다. 동년 6월에 제1회, 12월에 제2회의 모임을 개최, 2004년 6월에는 제3회 모임을 가졌다. 참가 자치단체 수는 제1회가 8개 지역, 제2회가 10개 지역, 제3회가 11개 지역이며 전국 지역모임이 옵서버로 참가하고 있다. 이 연구회는 이산화탄소의 흡수원인 삼림의 공익적 기능을 시장화 하는 방법에 대한 산촌측의 제언을 지향하고 있으며, 제1회 모임의 배포문서에는 다음과 같은 목적이 명기되어 있다. 「교토의정서의 비준에 따라 삼림의 공익적 기능 제공에 대하여 경제적 지불이 이루어지지 않는 것으로 인식해왔던 것이 이산화탄소의 흡수원으로서 삼림이 가지는 공익적 기능을 시장에 올리는 것을 처음으로 가능케 했다고 할 수 있다. 이와 같은 시장조치가 성립되는 것이라면 삼림의 가치가 지역자본의 일부로서 또는 지속 가능한 경제시스템을 움직이게 하는 요소로서 삼림에의 재투자를 촉구함으로써 전국의 산촌지역에서는 녹색의 고용이 증가하고 새로운 산업의 집적과 커뮤니티가 유지 형성되어 산촌사회의 안정적인 발전에 이어지는 것이다.」

(주3) 「삼림 흡수량 거래제도」의 실현을 위하여 관계 부처는 다음과 같은 이유로 구체적인 대책을 검토할 시기에 와있다고 생각한다.

① 현재 삼림 흡수원에서의 3.9% 목표달성은 어려울 것으로 보이기 때문에(56쪽의 주2 참조) 목표달성을 위해서는 사유림이 흡수한 CO_2에 관련된 소유권을 인정하여 흡수량 거래에 활용하는 등 경제적 인센티브를 부여하는 것이 효과적이라는 것.

② 제2약속기간(2013년~, 포스트 교토)의 국내정책으로 배출권거래에 삼림 흡수량을 넣기 위한 지혜, 실적을 축적하기 위해서도 조기에 거래시행사업을 실시하여야 한다는 것.

3-11 일본정부의 교토메커니즘 지원시책

일본정부는 교토메커니즘의 본격실시를 앞둔 체제정비를 진행함과 동시에 각종 전문위원회나 조사 프로젝트 등을 마련하여 다양한 각도에서 검토를 하고 있다. 공동실시(JI)나 청정개발체계(CDM)에 의한 조림 프로젝트에 관련하는 것을 중심으로 그 개요를 소개한다.

1. 교토메커니즘 활용 연락회

정부의 「지구 온난화 대책 추진본부(추진본부)」는 2002년 7월19일에 「지구 온난화 대책추진본부 간사회(이하 「간사회」)라고 약칭한다」와 간사회 밑에 「교토메커니즘 활용연락회(이하 「연락회」라고 약칭한다)」를 설치할 것을 결정하였다. 연락회가 JI, CDM 프로젝트의 국가로서의 승인(사업승인)을 하고 국가별 등록부의 운영관리는 경제산업성과 환경성이 공동으로 행하도록 하고 있다.

추진본부는 다시 동년 7월 22일부로 「연락회」의 임무나 구성정부부처 사업승인 및 지원체제 프로젝트(2004년 7월 현재)의 기본구상을 발표하고 관계부처가 표3-11-1과 같은 신청창구를 설치하였다.

그 후 "연락회"는 2002년 10월 16일에 JI 및 CDM에 대한 사업승인에 관한 지침을 결정하여 이제까지 표3-11-2에 표시한 17건이 승인되었다.

또한 2005년 4월에 책정된 「교토의정서 목표달성계획」에서는 이

「연락회」를 개편하고, 교토메커니즘의 종합적인 추진·활용을 목적으로 관계 부처로 구성되는 「교토메커니즘 활용·추진회의(가칭)」를 조속히 설치하도록 되어 있다.

[표3-11-1] 교토메카니즘 활용 연락회 구성 관계 부처 일람

관계부처	신청창구
환경성	지구환경국 지구 온난화 대책과 1-2-2, Kasumigaseki, Chiyota-Ku, 100-8975 Tokyo 전화: 03-5521-8330, FAX: 03-3580-1382 E-mail: kyotomecha@env.go.jp
경제산업성	산업기술환경국 환경정책과 1-3-1, Kasumigaseki, Chiyota-Ku, 100-8901 Tokyo 전화: 03-3501-1679, FAX: 03-3501-7697 E-mail: kyotomecha@meti.go.jp
외무성	국제사회협력부 기후변화협약실 2-11-1, Shibakouen, Minato-Ku, 105-8519 Tokyo 전화: 03-3580-3311, FAX: 03-6402-2538 E-mail: siba12f-35@kokushabu.net
농림수산성	대신관방 환경대책과 1-2-1, Kasumigaseki, Chiyota-Ku, 100-8950 Tokyo 전화: 03-3502-6565, FAX: 03-3508-4080 E-mail: kyotomecha@nm.maff.go.jp
국토교통성	종합정책국 환경/해양과 2-1-3, Kasumigaseki, Chiyota-Ku, 100-8918 Tokyo 전화: 03-5253-8264, FAX: 03-5253-1549 E-mail: kyotomecha@mlit.go.jp

[표3-11-2] 일본정부가 승인한 JI/CDM 프로젝트 (2004년 7월 현재)

1. 공동실시(JI)			
신청자	실시국가	프로젝트 명칭	배출 저감량 (연간)
신에너지·산업기술 종합개발기구(NEDO)	카자흐스탄	열병합 발전소 에너지저감 모델사업	약 6만2천 톤CO_2

2. 클린 개발 메커니즘(CDM)			
신청자	실시국가	프로젝트 명칭	배출 저감량 (연간)
도요타 통상주식회사	브라질	V&M Tubes do Brazil 연료전환 프로젝트	약 113만 톤 CO_2
전원개발주식회사	태국	태국 야라에서의 고무목 폐자재 발전 계획	약 60만 톤 CO_2
이네오스 케미컬 주식회사	한국	한국 울산 시에서 HFC류 파괴사업	약 140만 톤 CO_2
간사이 전력주식회사 (e7 기금을 대표하여 신청)	부탄	e7 부탄 소규모 수력발전 CDM 프로젝트	약 500톤 CO_2
일본 베트남석유주식회사	베트남	랑동(Rangdong) 유전수반 가스회수·유효이용 프로젝트	약 68만 톤 CO_2
스미토모 상사 주식회사	인도	인도 구자라트(Gujarat)주 GFL사 HCFC22 제조 플랜트에서의 HCFC23 열 파괴에 의한 온실효과가스 저감 프로젝트	약 338만 톤 CO_2
주부(中部) 전력	태국	태국 피치트(Phichit)에서의 ATP 왕겨발전사업	약 8.4만 톤 CO_2
전원개발주식회사	칠레	Graneros공장 연료전환 프로젝트	약 1.4만 톤 CO_2
도쿄전력주식회사	칠레	Methane capture and combustion of swine manure treatment for Peralilo	약 7.9만 톤 CO_2
도쿄전력주식회사	칠레	Methane capture and combustion of swine manure treatment for Comeche and Los Guindos	약 8.4만 톤 CO_2
도쿄전력주식회사	칠레	Methane capture and combustion of swine manure treatment for Pocillas and La Estrella	약 24.9만 톤 CO_2
쇼와 셸 석유주식회사	브라질	엘살바도르 다바이아 매립처리장 가스 매니지먼트 프로젝트	평균 약 87만 톤 CO_2
신에너지 산업기술 종합개발기구(ENDO)	베트남	에너지절약 모델사업	약 1만 톤 CO_2
가지마 건설주식회사	말레이시아	말락카시 Krubong최종처리장에서의 LFG회수 및 발전 CDM 사업	평균 약 6만 톤 CO_2
시미즈 건설주식회사	아르메니아	에레반(Erevan)시 매립처리장 메탄가스 회수·발전 프로젝트	평균 약 13.5만 톤 CO_2
쇼와 셸 석유주식회사	브라질	제지공장에 바이오매스 발전기 신설	약 18만 톤 CO_2

2. CDM/JI에 관한 검토조사 위원회

본 위원회는 환경청(당시)이 설치하여 1998, 1999, 2000년도의 3년에 걸쳐 검토작업을 해왔다. 사무국은 퍼시픽 컨설턴트가 담당하였다. 검토성과는 『2000년도 CDM/JI에 관한 검토조사보고서』로서 2001년 3월에 동사에서 일문 및 영문으로 발행하였다. 이 위원회의 목적은 에너지분야와 삼림분야에서 5개 프로젝트 타입을 설정하여 각 타입별로 베이스라인 설정, 모니터링의 항목 및 방법 등, 프로젝트 참가자(사업자)로서 필요한 기술적 지침을 정리하는 것이었다. 따라서 이 보고서는 JI, CDM 사업을 실시하려는 자가 안내서로 사용할 수 있으며 국내뿐 아니라 국제적으로도 높이 평가를 받고 있다.

삼림분야에 관해서는 재조림 프로젝트 경우에 대하여 JI, CDM 프로젝트의 계획책정시에 검토가 필요한 베이스라인 결정방법이나 모니터링 항목의 설정방법 등이 상세하게 표시되어 있다.

CDM/JI에 관한 검토조사 위원회는 17명의 전문가로 구성되어 대학교수 3명, 연구자 6명, 산업계에서 8명이 참가하였다. 위원회 내에 에너지와 삼림분야의 두 분과회를 설치하였으며 삼림분야는 필자를 리더로 4명의 위원이 검토하였다.

3. 교토메커니즘에 관한 검토회

교토메커니즘에 관한 검토회는 CDM의 조기실시 등 당면한 필요체제를 시급히 정비하는 동시에 국제적인 논의나 다른 나라의 제도와 시책, 추진실태 등도 감안하고 2008년 이후의 교토메커니즘의 본격적인 기능 실시에 대비하여 필요한 제도의 모습을 검토하기 위하여 환경성이 2004년 4월에 설치하였다. 본 검토회는 교토메커니즘에 관한 전문가, 사업관계자 등을 구성멤버로 하여 CDM·JI 사업에 요구되는 체제정비, 국가별 등록부의 체제정비, 기타 교토메커니즘을 활용하기 위하여 필요한 조치 등에 관하여 검토하도록 하고 2005년 7월까지 3회 개최하였다.

4. 흡수원 대책에 대한 제3자 인증제도 시행사업

본 사업의 목적은 JI, CDM 조림사업의 유효화, 검증·인증 시에 제3자 기관인 운영기관(DOE)이나 독립기관(IE)이 사용할 지침서 작성과 그 시행에 있다. 앞서의 『2000년도 CDM/JI에 관한 검토조사보고서』가 프로젝트 참가자(사업자)를 대상으로 하는 지침서로서 작성되어 있는데 비하여 본 사업에서 작성하는 지침서는 심사·인증 기관 용으로서 양쪽은 동전의 앞·뒤 관계에 있다고도 할 수 있다.

본 사업은 임야청이 (사)임야기술협회(현 (사)일본삼림기술협회)에 위탁하여 필자를 위원장으로 하는 6명으로 된 검토위원회를 설치하여 2001년~2002년까지 추진되었다. 2001년도에는 유럽과 오스트레일리아에 있어서의 배출권거래의 선행사례나 네덜란드의 JI, CDM에 해당하는 ERUPT, CERUPT의 현지조사를 실시하였다. 또한 인도네시아와 베트남에서의 CDM 관련정책을 조사하고 동시에 사업조사지를 방문하였다.

2차년도가 되는 2002년도 사업에서는 유효화 지침서를 작성하고 이 지침서에 따라 인도네시아의 CDM 조림 프로젝트 조사 사업지를 대상으로 유효화의 시행(試行)을 실시하였다.

일본정부가 설치한 상담창구

- 교토메커니즘 정보 플랫폼 … 외무성, 경제산업성, 환경성과 관계기관이 2005년 3월에 발족시킨 JKAP(Japan Kyoto Mechanism Accrelation Programme)의 하나로서 「교토메커니즘 정보」가 웹 상에 설치되어있다.
  http://www.kyomecha.org/index.html
- CDM 조림 도우미 데스크 … 임야청은 2003년 4월 1일 해외임업 협력실 내에 CDM 조림에 관한 상담, 의문, 요망에 대응하는 「CDM 조림 도우미 데스크」를 설치하였다. 동 도우미 데스크는 CDM 조림에 관하여 구체적 사업에 관한 상담 접수 또는 룰에 관한 정보를 제공하고 있다.
  http://www.rinya.maff.go.jp/seisaku/cdm/top.htm
  전화 : 03-3591-8449 전자메일: ar_cdm@nm.maff.go.jp

5. 인도네시아에 있어서의 조림 평가방법에 관한 조사

앞서의 두 가지 조사가 CDM 사업의 일반적인 구조와 제도에 관한 조사인 데 비하여 본 조사는 인도네시아에서의 조림사업을 대상으로 하여 구체적인 사업계획을 입안한 점이 특징이다. 본 조사는 환경성이 1999년부터 시작한 「지구 온난화 대책 CDM 사업조사」의 한 안건으로 스미토모 임업이 실시하고 있는 것으로서 1999년부터 조사가 계속되고 있다. 2002년도에는 인도네시아 자바 주에서 실시하고 있는 삼림사업을 대상으로 CDM 사업신청을 위한 프로젝트 문서의 검토와 시작(試作)을 실시하였다. 일련의 조사는 CDM 조림 프로젝트의 모델이 될 것으로 보이며 각 연도별로 스미토모 임업에서 상세한 보고를 제출하였다.

환경성의 「지구 온난화 대책 CDM 사업조사」는 기업, NGO, 지방자치단체 등을 대상으로 온실효과가스의 배출저감이나 흡수량 증대에 이어지는 프로젝트를 공모하여 사업조사를 실시함으로써 장래 유망한 CDM/JI 프로젝트를 발굴하는 것이 목적이다. 아울러 CDM/JI의 구조에 관한 국내, 국제 룰 작성을 위한 지견 축적도 또 하나의 목적으로 되어있다. 환경성에 채택된 안건은 1999년도 8건, 2000년도 8건, 2003년도 20건이며 그 중 조림 프로젝트는 각각 6, 7, 1, 2, 4건이다.

6. CDM, JI 조림 추진 검토 실무 그룹

본 실무 그룹은 임야청 해외임업 협력실이 설치한 것으로서 COP 등의 국제교섭을 위한 이론구축과 행정으로서 필요한 시책을 검토하는 것이 목적이다. 2002년 10월 9일의 제1회 모임을 시작으로 지금까지 13회 개최하여 COP에 있어서의 흡수원 CDM(CDM 조림 프로젝트)의 룰 작성에 관한 대처방침을 검토하고 있다. 실무 구성원은 전문가 6명, 관계단체 5명으로 구성되어 있다.

7. 임야청에서 추진하는 CDM 조림 관련사업

임야청은 CDM 조림사업의 추진을 도모하기 위하여 기술지침이나 베이스라인의 조사사업과 인재육성사업을 2003년도부터 2007년도까지의 5년 동안에 실시하기로 하고 있다. 그 개요는 표3-11-3과 같으며 CDM 조림사업의 본격적인 실시를 위한 실천적인 내용으로 되어있다.

[표3-11-3] 임야청의 CDM 조림 관련사업 일람

사업명	실시기관	사업의 개요
CDM 조림 베이스라인	(사)해외임업 컨설턴트	중남미, 아프리카 지역의 베이스라인 지도를 조사사업작성한다.
CDM 조림 기술지침 조사사업	(재)국제 녹화추진 센터	CDM 사업 참가자가 CDM 프로젝트 인정기관의 유효화 심사를 거치기 쉽게 하기 위하여 PDD 사례(아시아, 중남미, 아프리카 지역)를 작성한다.
CDM 조림 인재육성	(재)국제 녹화추진 센터	일본의 CDM 프로젝트·스태프 및 아시아, 사업중남미, 아프리카 지역의 CDM 조림 프로젝트·담당자를 육성한다.

출처 : 임야청 업무자료

3-12 제2약속기간을 앞두고 ① 개발도상국과 미국의 참가

1-2에서 언급한 「기후변화협약조약」은 지구 온난화 대책에 세계규모로 대처하기 위한 1세기에 걸친 구상(Framework)을 제시하였다. 그리고 교토의정서(이하 "의정서")라 약칭한다. 1-3 참조)는 그 구체적인 자세를 규정하여 2008년부터 2012년까지의 제1약속기간은 장래의 초석이 되는 중요한 첫걸음으로 자리를 잡았다.

그러나 이제까지 보아온 것처럼 「의정서」에 입각하여 실시하고 있는 온난화 방지대책은 많은 과제와 문제점을 안고 있는 것도 사실이다. 그 때문에 2013년부터 시작되는 제2약속기간(「의정서」 이후라는 뜻으로 "포스트 교토"라고도 한다)을 향한 기대와 논의가 활발해지고 있다. 이미 2004년 12월에 개최된 기후변화협약 제10회 당사국총회(COP10)에서 제2약속기간을 대비한 국제교섭의 전초전이 시작되어 있으며 2005년 말의 COP/MOP(99쪽 주1 참조)부터 정식 교섭이 시작된다. 그래서 현 단계에 나타나있는 주요 논점에 대하여 설명하고자 한다.

우선 다루어야 할 것은 개발도상국과 미국이 온실효과가스(GHG) 저감의무에 참가하는 문제이다.

「의정서」에 비준한 선진국의 GHG 배출량은 세계 전체의 30%에 불과하며 세계 배출량의 4분의1을 차지하는 미국을 제외하고 저감에 동참하여도 직접적인 저감효과는 적다. 또한 개발도상국 상위 9개국의 GHG 배출량은 세계 전체의 4분의1을 차지하고 있으며 이 비율이 점차 높아질 것은 확실하다.(주1) 따라서 기후변화대책에 대처하는 UN의 구상 속에 어떤 모양으로든 미국과 주요 개발도상국을 참가시키는 것, 즉 미국과 주요 개발도상국에도 GHG 저감의무를 부과하는 것이 지구 온난화를 방지하기 위해서는 불가결하다.

그러기 위해서는 개발도상국의 참가문제에서 기본이 되는 「기후변화협약」 제3조 1항의 형평의 원칙, 차이 있는 책임을 「의정서」의 실정에 맞추어 재고할 필요가 있다.

선진국은 제1약속기간에 부과된 GHG 저감의무와 개발도상국 지원 등의 의무와 책임을 다하고 나서 제2약속기간에 개발도상국에도 평등하고 차이 있는 책임을 요구하는 길을 열어야 할 것이다. 선진국의 책임을 다하지 않고 개발도상국에게 책임을 요구하는 것은 「기후변화협약」 제3조 1항의 원칙에 비추어보더라도 곤란할 것이다.

우선 선진각국이 「의정서」에서 규정한 GHG 저감의무를 이행함과 동시에 미국을 포함한 선진국 전체가 「의정서」 제3조 1항으로 약속한 적어도 5% 저감을 지향하여야 한다. 특히 미국은 자주적인 7% 저감 노력이 요구된다. 구체적으로는 후술하는 「부시 이니셔티브」의 실행과 더불어 제1약속기간에서의 7% 미달성분을 제2약속기간에 저감할 것을 자주적으로 표명한다면 이것은 제2약속기간에 있어서의 개발도상국 참가에 대한 길을 여는 계기가 될 것이다.

이미 개발도상국과 미국을 제2약속기간에서의 GHG 저감의무에 참여 시키기 위한 여러 가지 방법론이 연구되고 있다.(주2) 여기서는 네 가지 안을 소개해두고자 한다. 제1안은 필자의 시론(試論)인 「개발도상국 단계적 참가방식」, 제2안은 미국의 「부시 이니셔티브」에 입각한 안, 제3안은 「브라질 제안」, 제4안은 「기술개발 위주」의 방법이다.

1. 개발도상국 단계적 참가방식

제1안의 골자는 2100년의 GHG 농도를 540ppm으로 억제하는 것(22쪽 참조)을 전제로 주요 개발도상국이 저감의무에 단계적으로 참가하는 안이다. 전술한 바와 같이 「의정서」에 비준한 선진국과 미국 및 개발도상국의 배출상위 9개국에서 세계의 GHG 배출량의 약 80%를 차지한다. 따라서 2100년의 GHG 농도 540ppm을 목표로 이들 각국의 GHG 배출 총량에 대한 총 저감률을 계산한 뒤 각국별 저감률을 검토한다고 하는 개념이다. 주요 개발도상국이 GHG 저감의무를 갖는 시기는 그 나라의 GDP 또는 1인당 GHG 배출량이 선진국과 동일 수준으로 된 시기가 형평의 원칙으로 보아 타당할 것이다.

이 안을 실행하기 위해서는 GHG 배출 대국인 중국과 인도의 참가시기에 관한 동의 가능성이 관건이 될 것이다.(주3) 그리고 설사 양국이 동의하더라도 참가시기가 너무 늦으면 540ppm 달성이 어려워질 우려도 있다.

또한 단계적 참가방식을 취하는 경우 개발도상국의 경제발전 정도를 감안하는 유연성을 발휘할 필요도 있을 것이다. 중진국이 우선 GHG 저감의무에 참가하고 나서 2020년 경을 목표로 그 밖의 개발도상국도 참가하는 안도 생각할 수 있다.

2. 부시 이니셔티브(initiative) 방식

제2안은 「의정서」에서 정한 각국별 총량 규제방식이 아니고 GDP, 에너지소비량 또는 인구 1인 당의 GHG 배출량에 따라 저감률을 내는 개념이다. 즉 원단위방식으로 각국별 저감률을 정하는 방식이다. 미국의 부시대통령이 제창하고 있는 GDP당 배출되는 GHG 배출량을 대상으로 하는 「집약도」 접근방법(이른바 "부시 이니셔티브")도 이 안의 하나이다.

3. 브라질 제안

제3안은 최근에 주목되고 있는 「브라질 제안」이다. 이 안의 특징은 장래만이 아니라 과거의 GHG 배출량도 가미하여 새로운 배출기준의 설정을 지향하고 있는 점이다. 구체적으로는 산업혁명 이후의 역사적 누적 GHG 배출량에 따라 각국의 배출저감목표에 차이를 두는 방식이 검토되고 있다. 이 개념은 1997년의 COP3에서 브라질이 제안하였으나 채용되지 않았고 일본에서도 주목을 받지 못했다.

그러나 브라질은 COP3 이후에도 이 안에 대한 연구를 계속하여 2002년의 SBSTA17 회합에서 세계 4개 지역의 역사적 누적 GHG 배출량과 기온상승의 관계를 과학적 모델을 바탕으로 연구하는 것이 결정되었다. 그리고 2005년의 SBSTA23에서 그 연구내용이 평가될 예정이다. 이것이 향후의 국제교섭에 어떤 영향을 미칠지는 알 수 없으나 장차 세계 각국의 경제활동을 방향 짓는 경우의 참고가 될 가능성이 있는 것으로 보인다.(주4) 이 연구에 참가하고 있는 일본의 연구자는 브라질 제안의 문제점으로 배출산정기간, 이용데이터, 기후모델의 파라미터 등에 따라 결과가 자의성을 가질 가능성이 크다는 것 등이 지적되고 있다. 이에 따라 연구성과의 취급에는 세심한 주의가 필요하다.(주5) 어쨌든 「브라질 제안」은 SBATA의 평가결과에도 달렸으나 2005년의 COP/MOP에서 제2약속기간의 방법론으로 검토될 가능성이 높기 때문에 주목해둘 필요가 있다.

4. 기술개발 보급을 중심으로 하는 장래구상 시나리오

이 안은 교토의정서의 수치목표에 따른 국제교섭이 답보상태에 있으므로 현상과는 다른 장래의 구상을 폭 넓게 검토하기 위하여 (재)전력중앙연구소가 취합한 것이다.(주6)

기술개발의 추진이 지구 온난화 방지와 각국의 국익향상에 이어진다고 하는 전제에 입각하여 「기술의 연구개발·실증·보급의 모든 단계에 걸친 자세를 나라마다의 다양한 특성을 살리면서 국제적인 연계 하에 추진한다」라고 하는 장래의 구상을 제시하고 있다.

기술을 개발, 보급한다든지 개발도상국에 대한 에너지절약 등의 경제개발에 이바지할 수 있는 국제협력을 통하여 장래에 수치목표를 약속, 달성할 수 있는 능력을 비축할 것을 우선하는 것이 이 방안의 주안점이다.

구체적 안으로는 「온난화저감 기술조약 시나리오」를 제언하여 장래구상에 관한 입안방법 등을 제시하고 있다. 시나리오의 추진분야로는 지역적 구상, 에너지절약, 재생가능 에너지, 에너지절약 조약, CO_2 회수처분 조약, 재생가능 에너지 조약을 체결하여 전체를 조정하는 것이 이 시나리오의 골자이다. 배출권 시장은 이들 정책수단이 각 단계에서 잘 촉진될 수 있는 국제적인 구상으로 자리가 굳어 지고 있다.

또한 국가별 GHG 배출저감 수치목표와 기술개발이 중심이 되는 장래구상의 시나리오를 공존시켜 지역적으로 다른 자세를 서로 승인· 보완할 것도 제안하고 있다.

주목받는 개발도상국 지원으로서의 Adaptation (적응조치)

개발도상국의 온난화 대책과 경제발전의 양립달성을 위하여 선진국이 할 수 있는 중요한 자세로서 「adaptation」이 주목되고 있다. Adaptation은 「적응조치」 또는 「적응」으로 번역되고 있다. 「기후변화협약」 4조 1(e)항이나 「교토의정서」 10조 (b)항의 조문에서 해석하면 적응에는 자국의 기후변화에 대한 「적응조치」와 선진국이 개발도상국의 적응조치에 원조한다고 하는 두 가지 의미가 있으며 최근에는 후자로서 사용되는 경우가 많다. 예컨대 COP9 의장 요약 제12, 28 절에서는 adaptation이 개발도상국의 「적응조치」에 대한 선진국의 원조의 의미로 쓰이고 있다. 또한 지구 온난화에 따른 기후변화이 일어날 경우 개발도상국에 대하여 얼마간의 지원을 하는 것으로 정의하고 있다.(주) 구체적인 「적응조치」로는 자금원조를 위시하여 자금협력, 인재육성 등 다양한 분야가 기대되고 있으며 개발도상국이 제2약속기간에 온실효과가스(GHG)의 저감의무에 참가하는 길을 트는 중요한 테마가 될 것으로 기대되고 있다.

일본도 「적응조치」를 요구 당하는 경우가 많을 것으로 예측되는바 그런 경우에는 CDM의 활용이 효과적이리라 생각된다. CDM을 활용하면 정부 베이스의 「적응」이 아니라 기업이나 NGO의 참가에 의한 폭 넓은 민간 베이스의 「적응」의 실시가 가능할 것으로 보인다. 이미 구체적인 검토가 시작되고 있으며 지구환경연구전략기관(IGES)은 Proactive Micro-adaptation (PMA) 프로젝트를 가동하여 개발도상국에 대한 소규모 adaptation의 국제적인 연구를 추진하고 있다(2005년 7월 13, 14일에 제1회 연구회의를 개최하였다).

(주) 고니시 마사키(小西正樹) 「러시아가 교토의정서 비준에?」 (대담) "日経エコロジー" 2004년 11월호

이상 네 가지 방안을 소개했으며 앞으로의 큰 검토요소로는 다음 네 가지를 생각할 수 있다. ① 국가별 총량규제방식 또는 원단위 방식(집약도 접근방법을 포함)으로 하는가, ② GHG 배출량 산정 베이스를 장래

만으로 하는가 또는 과거를 포함한 과거·장래의 누적방식으로 하는가, ③ 저감의무에 참가하는 대상 개발도상국들의 참가시기에 차이가 있음을 인정하는가, ④ 기술개발 위주의 방법으로 추진하는가. 이들 ①, ②, ③, ④의 요소를 각각 분석, 비교하면 앞서의 제1안을 베이스로 하는 것이 형평의 원칙에서 타당하리라 생각된다. 하지만 브라질 제안의 과학적 지식이 SBSTA에서 평가되어 선진국이 GHG 배출량의 차이에 대한 책임으로 과거 누적분을 인정한다면 제1안에 누적 저감량에 따른 저감률을 적용하는 것도 가능하리라고 본다. 또한 기술개발 위주의 방법도 검토과제가 될 수 있다.

(주1) 浜中裕德「국제적 지구 온난화 대책의 신단계와 일본에 기대되는 역할」 JSD 제1회 정기회의자료(2004). 또한 1998년의 개발도상국 상위 10개국의 GHG 배출량은 약 65억 톤으로서 세계 전체에 대한 점유율은 29%이다(환경요람 2002/2003. (재)지구인간환경 포럼에 의거).

(주2) 국제적 대처에 관한 논문은 132개 있으며, 주요 논문만도 26개 있다. 龜山康子 외「기후변화에 관한 2013년 이후의 국제제도에 관한 분석」 환경경제·정책학회 2004년 대회보고 요약본.

(주3) 중국이 선진국과 유사한 약속을 하게 되는 시기는 2020년 경이라는 연구도 있다. 周瑋生「세계공통의 배출기준을」, "일본경제신문", 2004년 10월 29일.

(주4) COP9/SB19 참가보고서, Post-COP9/SB19 참가보고서, Post-COP9 Seminar, GISPRI/IGES 2004.

(주5) 黑澤厚志 외 기후변화의 세계지역별 기여도와 브라질 제안.

(주6) 기술개발 보급 위주의 장래 구상 시나리오, 연구보고 Y04023, (재)전력중앙연구소, 2005년 5월. 또한 이 보고서는 전력중앙연구소가 일본, 노르웨이, 독일, 중국, 미국, 캐나다의 연구자로 구성된 국제공동 프로젝트를 통해 취합한 것.

3-13 제2약속기간을 앞두고 ② 탄소시장과 CDM의 과제

3-12에서 설명한 바와 같이 교토의정서(이하 "의정서"라 약칭한다)의 제2약속기간(포스트 교토)에 개발도상국이나 미국의 참가를 촉구하기 위해서는 교토메커니즘 실시 상의 문제점을 해결하고 시장 메커니즘을 활용한 온난화 대책의 방향을 재검토할 필요가 있다. 이미 3-7에서 CDM 조림에 대한 과제와 제언을, 그리고 3-10에서는 삼림 흡수량의 거래시행사업에 관한 필자 나름의 의견을 서술하였고, 여기서는 지역 온난화 대책과 경제적 수법과의 관계에 초점을 맞추어 ① 탄소시장의 수급, ② 한계저감 비용, ③ CDM의 제도설계 상의 문제 등의 세 가지 측면에서 제2약속기간을 앞둔 대처 과제를 다시 고찰하고자 한다.

1. 탄소시장의 수급 균형

배출권거래 제도(ET)는 「의정서」의 부속서 I 에 열거한 선진국이 모두 참가하는 것을 전제로 마련된 제도이지만 미국의 이탈로 이 전제조건은 무너졌다. 또한 부속서 I 에 따라 약속한 각국의 온실효과가스(GHG) 배출 저감률의 목표치와 실적치에 현저한 차이가 발생하지 않는다는 조건하에 배출량의 과부족 분에 큰 차이가 나지 않고 시장의 수급 밸런스가 잡히는 것도 제도설계의 전제 조건이었던 것이다. 이 전제조건이 무너졌을 뿐만 아니라 배출권 국가간 거래의 수급 밸런스가 공급과잉 되어 적정한 시장이 형성되지 못할 우려도 있다.

미국의 이탈이 배출권거래에 미치는 영향으로 세 가지 문제점을 지적할 수 있다. 첫째로 미국의 GHG 배출량은 1990년 시점에 선진국 전체의 36%를 차지하고 있으나 이탈로 인해 「의정서」에서의 시장규모를 작게 만들었다는 것, 둘째로 「의정서」 외의 시장을 형성했다는 것이다. 또한 셋째로 아래에 설명하는 바와 같이 시장 수급 밸런스에 큰 영향을 미쳤다는 것이 문제이다.

현재 세계 배출권 거래시장의 수급 밸런스에 큰 영향을 미치고 있은 것은 앞에서 서술한 미국의 이탈과 러시아의 저감 여유분이다. 미국· 일본·유럽의 2002년도 GHG 배출량과 「의정서」의 저감목표를 비교하면 일본은 저감목표 −6%에 대하여 +7.6%, EU는 −8%에 대하여 −2.9%, 미국은 −7%에 대하여 +11.5%로 되어 있다.(주1) 따라서 목표달성에 필요한 저감률은 미국 18.5%, 일본 13.6%, EU 5.1%로 되어 모두가 배출권거래의 수요자측으로 될 가능성이 크다. 특히 미국의 1990년의 배출량은 48.2억CO_2 톤이나 되어 필요 저감률 18.5%는 8.9억 CO_2 톤에 상당하여 최대의 수요자가 될 수밖에 없다.

이에 비하여 러시아는 구 소련 붕괴 후 경제활동이 대폭 저하하여 저감목표 0%에 대하여 30~40% 감소한 것으로 보이며, 이 대량의 잉여분은 「핫에어」라고 불리고 있다. 러시아의 1990년과 현재의 배출량을 비교한 공식 데이터에 따르면 1994년까지의 사이에 약 30%(약 11억 CO_2 톤) 감소하였고 러시아만으로는 1994년부터 1998년의 사이에는 약 10%(약 1.6억 CO_2 톤) 감소하였다.(주2) 최근에 러시아 경제는 성장으로 돌아섰다고는 하나 이들 자료에 따르면 대량의 핫에어가 있는 것은 틀림이 없다.

그럼 2012년 시점의 「의정서」 저감목표에 대한 달성예측은 각국의 현 정책으로 볼 때 일본, 미국의 대폭 미달성, EU의 거의 달성, 러시아의 과잉이 대부분의 견해이다. 대량수요측인 미국의 이탈로 「의정서」 목표달성을 위한 배출량거래의 주요 수요측은 일본, 공급측은 러시아로서 대폭적인 공급과잉이 발생할 가능성이 있다.

따라서 핫에어에 대한 러시아정부의 태도, 제2약속기간에의 이월문제 등 적정한 수급 밸런스를 유지하는 방향으로 기후변화협약 당사국총회(COP) 등에서의 검토가 필요하다. 이 수급의 불균형이 배출권거래시장의 크레디트 가격에 큰 영향을 미칠 것은 확실하다.

세계 탄소시장의 실질가격을 형성하는 것은 당면 EU ETS나 UK 스킴, 시카고 CCX이다. 그리고 2008년 경에는 미국 동부의 여러 주와 캘리포니아주에서의 배출권거래 제도의 탄소가격도 세계시장에 큰 영향을 미치게 될 것이다(2-17, 3-1 참조).

배출권거래 제도는 경제적 수법이기 때문에 탄소시장은 시장 메커니즘에 맡기는 것이 원칙이지만 전술한 러시아의 핫에어 문제나 앞서의 시장동향, 더욱이 3-1에서 소개한 복수의 탄소시장의 공존을 고려한다면 「의정서」의 목적, 원칙에서 벗어나지 않기 위한 시장관리가 요구된다. 당면의 대책으로 COP 아래에 「배출권거래 관리 이사회」(이사회)를 최고운영기관으로 두고 시장의 관리운영을 맡는 것이 현실적인 방법이라 생각된다.(주3) 이사회에는 미국, 오스트레일리아도 참석시키고 「비 교토 마켓」의 「의정서」와의 일관성을 추구해나가는 것도 중요하다. 제2약속기간에 대비하여 세계 탄소시장의 통합을 이사회를 중심으로 미국, 개발도상국을 포함한 특별위원회를 설치하여 검토하여야 할 것이다.

이제까지 언급한 세계의 배출권거래 제도나 탄소시장의 동향을 보건대 일본 국내제도의 대응은 구미에 비하여 낙후되었다고 하지 않을 수 없다. 시급히 국내제도를 구축하고 거기서 얻은 경험과 지식을 바탕으로 국제교섭에 임하지 않고서는 일본의 요구 등이 반영되지 않은 탄소시장의 국제 룰이 생겨버릴 가능성이 강하다. 국내 배출권거래 제도의 조기실현을 강조해두고자 한다.

2. 한계저감비용과 탄소시장 가격과의 대비

교토메커니즘은 경제적 수법으로 비용 대 효과가 높은 온난화 대책을 추진할 것을 기본으로 삼고 있다 배출권거래에 참가하는 사업자는 CO_2 배출억제에 필요한 설비투자 등의 비용과 시장에서 크레디트를 구입하는 비용을 비교하고 손익계산을 하여 설비투자인가 크레디트 구입인가를 선택하게 된다. 2-17에서 설명한 바와 같이 이론적으로는 CO_2 배출량을 1톤 줄이는 데에 필요한 최저 비용인 한계저감비용(비용)과의 대비로 탄소시장 가격이 결정된다. IPCC에서는 9종의 모델을 사용하여 1990년 시점에 있어서의 각국의 한계저감비용 예측치를 산출하였다(140쪽의 표2-17-1 참조).

실제로 거래되는 탄소가격이 이 한계저감비용에 비하여 현저히 낮은 경우 다음과 같은 문제가 우려된다. 첫째로 저감목표 미달성 분을 배출권거래에서 구입하여 국내 저감노력을 태만히 하는 나라가 나올 수 있다는 것, 둘째로 CDM 프로젝트에 의한 크레디트 수입이 낮아져서 개발도상국에 불만이 생길 수 있다는 것 등이다.

이들 문제점 해소를 위해서도 탄소시장에서의 적정한 수급 밸런스의 유지가 필요하다.

3. CDM의 제도설계 상의 문제

이제까지 배출권거래 제도의 이론과 실제와의 괴리에 대하여 살펴왔으며, 다음은 CDM의 문제점을 살펴보고자 한다.

3-7에서 설명한 바와 같이 CDM 조림에 도전하려는 프로젝트 사업자가 현실의 프로젝트에 적응하려면 현행의 룰에는 어려운 면이 많다. CDM 신청수속이 이미 시작되어 있지만 CDM 이사회(EB)나 신방법론 심사 패널(방법론 패널)에서의 심사는 까다롭고 또한 장기간이 소요된다. 그리고 프로젝트에 따른 배출 저감량, 흡수 증대량의 산출방법, 측정방법에 관한 룰도 엄밀하게 규정되어 있고, CDM 프로젝트로서의 수속과 측정 등에 요하는 시간이나 비용과 프로젝트에서 얻게 되는 크레디트 수지를 비교하면 사업자에게의 경제적 인센티브는 적다. 따라서 CDM을 보급시키려면 일본으로서는 다음 사항들에 대한 검토가 필요할 것으로 생각된다.

우선 CDM 이사회에서의 심사, 인정절차의 간소화와 시간단축 및 분야별로 유형화된 방법론 모델의 설정을 SBSTA, COP에 제안하는 것이다.(주4) 한편 정부는 CDM에서 획득한 크레디트의 일본국내에서의 취급방법이나 배출권거래 제도의 도입을 조기에 결정하여야 한다. CDM 제도 설계 상의 이론과 실제와의 괴리는 현실적으로는 어느 정도 불가피하지만 CDM 이사회에서의 유연한 대응과 국내제도의 조기 결정 없이는 기능은 갖추었어도 충분히 활용되지 못한다고 하는 우려도 있기 때문에 조속한 대응이 요구된다.

(주1) 「온난화 방지로, 국제사회의 제1보」, "닛케이 에콜러지" 2004년 12월호

(주2) 『환경요람 2002/2003』, (재)지구(인간환경 포럼, 고금서원 2002년

(주3) CDM 제도에서는 CDM의 감독을 수행하기 위하여 CDM 이사회가 설치되어 있다.(교토의정서 12조 4항)

(주4) 2005년 7월에 개최된 G8 Gleneagles summit에서 일본(고이즈미 수상)은 CDM 이사회의 절차의 신속화를 요청하였다.

3-14 제2약속기간을 앞두고 ③ 삼림 흡수원의 과제

제2약속기간(포스트 교토)을 앞둔 온난화 대책의 재검토에 있어서는 삼림 흡수원의 취급문제도 개발도상국이나 미국의 온실효과가스(GHG) 저감의무 참가문제(3-12 참조)와 관련하는 중요한 과제이다. 많은 개발도상국에서는 삼림이 계속 감소하기 대문에 「교토의정서」 제3조 3, 4항의 규정(40쪽 표1-6-1)대로라면 이산화탄소(CO_2)의 배출원이 되고 만다. 따라서 개발도상국이 참가할 수 있는 삼림 흡수원에 관한 새로운 구상을 세우도록 지향하여야 한다. 온난화 대책과 삼림감소 대책을 세계적 규모로 동시에 추진할 수 있는 기능을 구축하여야 한다.

삼림 흡수원을 활용한 온난화 대책에 개발도상국이 참여하기 위해서는 복잡한 운용 규칙이나 산정방식을 피하는 배려가 필요하며, 한편으로는 과학적 합리성이나 제1약속기간과의 연속성도 도모하여야 한다. 이들 과제를 해결한 새로운 구상을 구축하려면 가급적 서둘러 COP/MOP(99쪽 주1 참조)나 SBSTA에서의 검토를 시작하여야 하지만 아직 공식의 장에서 의제에 오르지 않고 있다.

단, 비공식의 국제 워크숍의 장에서는 과학자를 중심으로 검토가 시작되고 있다. 특히 2005년 5월에 오스트리아의 그라츠(Graz)에서 개최된 「2012년 이후의 국제기후변화합의에 LULUCF 활동을 포함시키는 선택에 관한 워크숍(Post 2012 WG)」에서의 논의는 장래의 삼림 흡수원에 관한 공식협의의 방향을 시사하는 것으로서 주목되기 때문에 출석자의 보고 등을 토대로 그 개요를 소개한다.(주1)

1. 워크숍의 목적, 참가자 등

그라츠에서 개최된 국제 워크숍은 교토의정서의 LULUCF 활동("토지이용, 토지이용분야 및 임업분야" 활동)의 구상을 평가하고 2013년 이후의 LULUCF 분야의 구상이나 실시체제 등을 중심으로 검토하였다. 선진국에서는 EU 각국, 일본, 러시아, 캐나다, 오스트레일리아, 뉴질랜드 등의 교토의정서 부속서 I 국가가 참가하였다. 개발도상국에서도 중국, 인도, 브라질, 인도네시아 등의 주요 국가들이 출석하고, 또한 미국도 참가하였다. 전반적으로 정책담당자보다는 연구자 중심의 회의이며 일본에서는 삼림종합연구소, 국립환경연구소 등의 연구자가 참가하였다.

2. 검토테마 – 제2약속기간에 있어서의 흡수량 계상방법

전체회의에서 개발도상국의 삼림감소에 따른 CO_2 배출이 현재의 LULUCF 분야에서의 CO_2 배출의 대부분을 차지한다는 것이 지적되어 삼림 흡수원을 활용한 온난화 대책의 구상에 개발도상국 참가의 중요성이 인식되었다.

구체적인 검토과제는 제2약속기간에 있어서의 흡수량 계산방법이며, 테마별로 다음의 4개 분과회(BOG)에서 논의되었다.

- BOG 1 Patchwork approach … 현행의 교토의정서처럼 산정이나 목표설정의 대상을 국토의 일부에만 국한하는 방법
- BOG 2 All land approach … 국토 전체를 대상으로 산정하는 방

법

- BOG 3 Compensated reduction … 개발도상국의 삼림감소효과를 산정대상에 포함시키는 방법
- BOG 4 De-linking … LULUCF 분야와 비 LULUCF 분야를 나누어 취급하는 방법

이들 분과회에서는 사전에 준비한 9종류의 옵션을 검토하여 다음 세 가지 옵션을 향후의 유력한 검토대상으로 삼았다.

① 현행 시스템의 수정안

교토의정서의 현행시스템의 문제점을 찾아내서 수정하는 것이 이 옵션의 목적이며, BOG 1에서 검토하였다. 수정항목으로는 삼림의 정의를 재검토, managed land의 정의와 범위를 재검토, 자연재해에 따른 효과를 산정대상에서 제외하는 것, 삼림감소와 삼림경영 산정방식의 재검토 등이다. 또한 벌채목재(HWP)에 대해서는 탄소의 저장효과나 목재제품의 대체효과를 평가할 수 있는 방법으로 해야 한다는 것, 나아가 CDM 조림 프로젝트의 대상확대의 필요성 등도 검토과제가 되었다.

또한 본 안에서는 개발도상국의 삼림 흡수량에 관하여 현행 산정방식의 수정으로 대응하는 것은 곤란하며 후술하는 Compensated reduction 안을 참작한 수정 시스템으로 대응할 수 있다고 보고 있다.

② 그로스·네트적인 산정 안

이 안은 전국토를 대상으로 산정하는 방법이며 BOG 2에서 검토하였다.

흡수량 산정 절차는 우선 각국이 현재의 삼림 및 그 밖의 토지이용

에 따른 흡수량과 배출량을 예측하여 베이스라인으로 삼고, 이 예측에 따라 캡(배출할당범위 : emission cap)을 설정한다. 그리고 삼림경영활동을 강화함으로써 예측(목표) 이상(캡 이상)의 흡수가 이루어진 경우에는 잉여 분에 대하여 크레디트를 획득할 수 있다.

이 방법은 2004년에 뉴질랜드의 연구자가 제안한 방안이며 베이스라인(aggregate crediting baseline)의 모델이나 설정방법, 모니터링, 데이터 분석방법을 복잡화 하지 않고 과학적 합리성 하에 어떻게 단순화할 수 있는가가 실현을 위한 과제일 것이다. 또한 베이스라인의 기간을 50년 정도로 상정하고 있으나 전국토를 대상으로 이와 같이 장기간의 베이스라인을 설정하는 데 대한 타당성도 검토과제가 된다. CDM 조림 프로젝트의 운영규칙처럼 복잡화 하면 실현은 어려워질 것으로 예상된다.

③ Compensated reduction 안

개발도상국을 대상으로 삼림감소(deforestation)와 삼림열화(劣化, degradation)의 회피효과를 산정효과에 포함시키는 방법론으로서 BOG 3에서 검토하였다. 이 안에서는 우선 참가국이 역사적 데이터나 국가의 상황을 바탕으로 삼림감소(토지이용 변화), 삼림열화(탄소저장량 변화)에 따른 장래의 배출량을 예상하여 배출비율의 국가별 저감량(national reduction in emission rate)을 제안한다. 그리고 저감목표 미달성 국가는 다음 약속기간에 초과분의 목표를 받아들인다는 것이다.

향후의 IPCC에 기대되는 역할

제2약속기간을 앞두고 기후변화에 관한 과학적 지견의 중요성은 더욱 더 높아지고 있다. 특히 예방적 접근에 대한 검토에 필요한 지견으로부터 예방대책 실시의 뒷받침에 필요한 과학적인 해명으로 연구의 중점은 옮겨가는 것으로 보인다. IPCC의 연구과제도 이것에 부응할 것이 요망된다.

22쪽에서 설명한 바와 같이 대기 중의 CO_2 농도는 540ppm에서 970ppm으로 상승할 것으로 예측하고 있다. IPCC는 그 예측정밀도의 향상을 도모하는 동시에 CO_2 상승농도에 관한 지역별 영향을 분석하여 지역별 "적응조치" 강구시 과학적 지견으로서 활용할 것을 연구의 기본방침으로 삼아야 할 것이다. 지역별 영향분석은 개발도상국에 관해서는 개발도상국의 과학자나 연구기관의 참가를 얻어 IPCC가 중심이 되어 연구를 추진하고, 선진국에 관해서는 각 선진국의 연구기관과 IPCC의 네트워크 하에 추진하는 것이 현실적일 것으로 본다. 이에 개발도상국의 연구체제를 충실화 할 것이 요망되며 245쪽의 컬럼에서 설명한 「적응조치」의 일환으로서의 자금지원이나 인재육성, 연구지원의 기능을 COP에서 검토하여 구축할 것이 요구된다.

BOG 3에는 개발도상국에서의 출석자도 많아 이 안에 대한 높은 관심을 엿볼 수 있었다. 여기에는 검토참고자료로서 2050년의 브라질 토지이용 상황에 대한 발표도 있었다.

이 안의 실현성을 높이기 위해서는 참가국에 대하여 인센티브를 부여하여야 하며, 저감목표 이상을 달성한 국가에게는 크레디트를 발행하여 국제탄소시장에서의 매각을 가능케 하는 등을 검토하여야 할 것이다. 이 안은 상술한 현행시스템의 수정과 결합시킴으로써 교토의정서의 현행 시스템에 개발도상국의 참가를 촉구하는 효과적인 안이 될 것으로 생각된다.

3. 벌채목재

워크숍에서는 벌채목재(HWP)의 취급(1-8 참조)이 삼림 흡수원의 장래 구상에 관련하여 중요한 검토사항이 될 것으로 인식이 되기는 하였으나 구체적인 논의성과는 나오지 않았다. 그러나 수출국과 수입국 중 한쪽만이 득을 보는 시스템에서는 합의가 곤란한 것으로 지적되어 절충안으로 수출국과 수입국 간의 크레디트 분배교섭안을 미국의 연구자가 발표한 것이 주목을 끈다.(주2)

4. 향후의 검토방향

모두에서 설명한 바와 같이 그라츠(Graz)의 워크숍은 삼림 흡수원의 장래구상에 관한 논의에 중요한 역할을 했다고 생각한다.

출석한 연구자는 향후 논점의 방향을 다음과 같이 보고 있다.

- 차기약속기간(제2약속기간)은 2013년부터 시작하는 것이 타당하다.
- 구체적인 수치목표는 산정 룰 결정 후에 설정하여야 한다.
- 현행 시스템과 크게 다른 시스템을 채용하는 것은 현실적으로 곤란하다.
- 제1약속기간에 보고한 활동은 제2약속기간에도 계속 보고하여야 한다.
- LULUCF 분야의 인위적 배출 억제 대책은 온난화 대책의 효과적인 수단이다.

(주1) 환경성, 삼림성의 흡수원에 관한 워킹 그룹, 2000년도 제1회 검토회 (2005년 6월 29일) 자료에 의거.

(주2) Bruce Tonn, Oak Lidge National Laboratory.
A METHOD FOR ATTRIBUTING CARBON SEQUESTED IN WOOD PRODUCTS TO MULTIPLE PARTIES, Draft 4/30/05 (주1의 참고자료 7)

인용 및 참고문헌

（本文中に出典・引用等を明記したものも再掲した。）

植田和弘『環境経済学』岩波書店、2003 年。

大塚直『環境法』有斐閣、2002 年。

大塚直『地球温暖化をめぐる法政策』昭和堂、2004 年。

大塚直・北村喜宣（編）『環境法学の挑戦』日本評論社、2002 年。

畠山武道ほか『国際環境法入門』日本経済新聞社（日経文庫）、2001 年。

IPCC『IPCC 地球温暖化第三次レポート』中央法規出版、2002 年。

松本光朗「日本の森林による炭素蓄積量と炭素吸収量」『森林科学』№.33、日本林学会、2001 年 10 月。

林業試験場『木材工業ハンドブック』丸善、1982 年。

林野庁『林業白書』平成 7 年度～ 16 年度版。

環境省地球環境局地球温暖化対策課『図説・京都メカニズム　第 3.1 版』、2003 年 4 月。

加藤尚武（編）『図解 スーパーゼミナール環境学』東洋経済新報社、2001年。

植田和弘『環境経済学への招待』丸善（丸善ライブラリー）、1998 年。

熊崎実「林業再建とバイオマスエネルギー」（第 22 回「森とむらのつどい」、資料）2003 年 3 月 13 日。

「バイオマス総合評価の現状と今後」（平成 15 年度日本学術会議　木材学研究連絡委員会シンポジュウム「バイオマスの総合評価と将来」資料）、2004 年 5 月 24 日。

田端英雄ほか岐阜県立森林文化アカデミー「上石津町木質バイオマス導入基礎調査報告書」、2003 年 3 月。

小林紀之『21 世紀の環境企業と森林』日本林業調査会、2000 年。

小林紀之「COP9 の森林吸収源決定事項とわが国の課題」「APAST」Vol.14. №.3、2004 年 5 月。

小林紀之「京都議定書の課題と第 2 約束期間の取り組みに関する考察」『日本大学法科大学院法務研究』創刊号、2005 年 3 月。

小林紀之「日本企業による海外植林と京都メカニズム」『森林環境 2004』

築地書館、2004年。
小林紀之「京都議定書と京都メカニズム」『山林』第1451号、大日本山林会、2005年4月。
小林紀之「よく分かる京都議定書」第1回～第20回、日刊木材新聞連載、2005年2月～7月。
吸収源対策研究会（編）『温暖化対策交渉と森林』全国林業改良普及協会、2003年2月。
財団法人地球環境戦略機関（IGES）気候政策プロジェクト（翻訳）『CDM入門　クリーン開発メカニズム』財団法人地球環境戦略機関（IGES）、2003年2月。
財団法人電力中央研究所「技術開発を中心とした将来枠組みシナリオ」研究報告Y04023、2005年5月。
国立環境研究所「京都議定書における吸収源プロジェクトに関する国際的動向」、2001年。
森林文化協会（編著）『森林環境2004』築地書館、2004年。
日本林業調査会（編）『地球温暖化と森林・木材』日本林業調査会、1998年。
坂田景祐「地球温暖化に対応する日本、アメリカ合衆国、EUの森林政策およびCO_2排出権取引が林業経営に及ぼす影響」、2002年。
林野庁「吸収源対策の第三者認定制度の試行事業報告書（平成13年度）」((社）日本林業技術協会受託事業)、2002年3月。
「排出量取引の国際動向」（温室効果ガス排出量取引に関する企業実務研究会資料)、2003年6月。
中央青山監査法人中央サステナビリティ研究所（編）『排出権取引の実務』中央経済社、2002年11月。
環境省、森林吸収源ワーキンググループ、平成15年度第1回会合参考資料、2003年6月。
マイケル・ジェンキンス「森林の価値」『日経エコロジー』日経BP社、2002年12月号。
吸収源CDMに係る国際ルールの検討状況 、京都メカニズムに関する検討会資料、環境省、2003年4月。

佐藤英章「COP 8における吸収源CDMに関する議論」(APAST研究会資料)、2003年1月。

林野庁、CDM／JI植林検討ワーキング・グループ第3回会合資料、2003年3月。

日本製紙連合会「JI・CDM植林クレジット技術指針調査（平成14年度・平成15年度報告書)」(委託先（社）海外産業植林センター)、2003・2004年。

(財）国際緑化推進センター「CDM植林技術指針調達事業平成16年度報告書」、2005年3月。

パシフィックコンサルタンツ（株)「平成12年度CDM/JIに関する調査報告書」、2001年3月。

住友林業（株)「インドネシアにおける植林の評価方法に関する調査報告書」、2002年2月。

環境省地球温暖化対策課「地球温暖化CDMフォーラム2002」資料、2002年7月。

住友林業（株)「地球温暖化対策クリーン開発メカニズム事業調査インドネシア共和国東カリマンタン州及び東ジャワ州における植林事業調査報告書、(環境省事業)、2003年2月、2004年2月、2005年2月。

経済産業省、クレジット（排出削減量）取引・移転事業について、2003年4月、http：www.meti.go.jp/policy/global environment/index.html

経済産業省「京都メカニズム活用支援パッケージの進捗状況について」(産業構造審議会環境部会地球環境小委員会第5回市場メカニズム専門委員会資料)、2003年5月。

中央環境審議会総合政策・地球環境合同部会地球温暖化対策税制専門委員会第12回会合資料、2003年7月。

地球温暖化防止吸収源対策の推進のための国民支援に関する研究会中間報告書、2003年7月。

外崎真理雄「伐採木材ワークショップ」木材工業vol. 60 No. 4（2005年4月、日本木材加工技術協会)。

KATOOMBA V（資料), FOREST TRENDS, Nov, 2002, http://www.forest-tr

ends.org
AIRTRENDS SPECIAL REPORT. NATSOURCE – TULLETT EUROPE. LTD. 2003. 7.
CABON FINANCE FACTS, THE WORLD BANK Nov, 2002.（Bio Carbon Fund 資料）（世界銀行資料）
Corinne Boone, Greenhouse Gas Emission Market's, Mitsui/CO2e Seminar 資料 Nov.8, 2002.
CARBON FINANCE at the WORLD BANK.（世界銀行資料）
PROTOTYPE CARBON FUND ANNUAL REPORT 2002.（世界銀行資料）
Bio Carbon Fund, TAG meeting 資料（2003. 2. 24-26）（世界銀行資料）
The World Bank News Release No.2003/133/5.（BCF 設立発表のニュースリリース）（世界銀行資料）
A summary guide to the UK Emissions Trading Scheme, the Department for Environment, Food and Rural Affairs, 2001.
PLANTATIONS of AUSTRALIA 2001, Department of Agriculture, Fisheries and Forestry Australia, 2001.（オーストラリアの人工林 2001）
The National Greenhouse Strategy, Commonwealth of Australia, 1998.
Our Forests Our Future, The State of Victoria, 2002.
Forestry Rights Act 1996（Version № 003 Act № 29/1996, Amended May, 2001）. The State of Victoria.
Forestry rights and carbon sequestration rights, Natural Resources and Environment, The state of Victoria, 2001.
Private Forestry Investing in Victoria, Natural Resources and Environment, State of Victoria, 2001.
National Carbon Accounting system a Progress report, Australian Greenhouse Office, April 2001.
Revised 1996 IPCC Guidelines for National Greenhouse Gas Inventories; Reference Manual.
FCCC/SBSTA/2003/MISC.5, 9, SPR. 2003.
Post-COP9 Seminar, ポスト COP9 セミナー資料、GISPRI/IGES.

후기

필자는 스미토모 임업㈜ 재직 중인 1990년대 초부터 경단련 활동 등을 통해 지구 온난화 문제에 관여하게 되었다.

1997년 COP3에서 교토의정서가 채택되자 환경청(당시)과 임야청은 교토의정서 대응에 관한 위원회 및 실무 그룹을 설치하였고 필자는 위원으로서 위원회에 참가하게 되었다. 동시에 온난화 문제에 관계하는 다양한 국제회의에 참석할 기회를 얻어 어느새 삼림 흡수원(sink) 문제의 전문가로 활동하게끔 되었다.

기후변화협약 발효 후 10여년이 지났고, 교토의정서가 채택된 후 몇 년이 경과했음에도 불구하고 교토의정서는 아직까지 발효되지 못하고 있다. 그동안 미국의 교토의정서 이탈, 삼림 흡수원(sink)를 둘러싼 다양한 교섭이 있었다. 그러나 지금에 와서 러시아가 교토의정서에 비준할 것으로 보도되면서 2003년 말 COP9에서 CDM 조림 프로젝트에 관한 현안사항도 해결될 것으로 보이는 등 드디어 교토의정서에 입각한 온난화 방지 활동이 본격적으로 시작되는 단계로 접어들었다.

서론에서 서술한 바와 같이 온난화 방지는 100년대계이다. 교토의정서에 따라 2008년부터 시작되는 제1약속기간은 100년대계의 출발점으로 자리매김하고 있다. 교토메커니즘이 효과적으로 움직일 것인가, 삼림흡수원(sink)이 이산화탄소의 효과적인 '흡수지' 가 될 수 있을것인가 하는 과제들은 100년대계가 좋은 출발을 할 것인가에 대한 열쇠를 쥐고 있다고 할 수 있다.

그리고 2013년부터 시작되는 2차 공약기간을 전망해 보자면, 미국의 참가는 물론, 개도국의 참가라는 난점을 안고 있다. 기후변화협약 제3조1항에는 온난화의 책임론에 대해 다음과 같이 말하고 있다.

'형평의 원칙, 공통적으로 안고 있는 상대적 책임 및 각국의 능력에 따라 체결 선진국은 솔선하여 기후변화 및 그 악영향에 대처해야 한다.'

본 조항은 개도국이 온실효과가스(GHGs) 저감 의무를 지지 않는 근거가 되고 있다. 제2약속기간을 둘러싼 협의는 2005년부터 개최될 당사국총회(COP/MOP)에서 본격화되게 되는데, 개도국 저감 의무에의 참가문제가 최대 과제가 될 것이다. 전세계 각국이 '지구의 이익' 을 향해 함께 나아갈 수 있을 것인지, 시련의 협상이 될 것이다. 본서가 이 난점을 극복하는 데 있어 조금이라도 도움이 될 수 있다면 좋겠다.

필자는 3년 전에 "21세기 환경 기업과 삼림"(일본 임업조사회 간)을 세상에 내놓았다. 본서는 그 속편이라고도 할 수 있으며, 특히 온난화와 삼림의 관련성에 초점을 맞춰 집필하였다. 베이스가 되고 있는 것은 최근까지 약 2년 반에 걸쳐 "일간 목재 신문"에 연재한 '21세기는 환경의 세기-임업과 목재산업' 이다. 이 연재는 50회 연재되었으며, 그 중 '제7장 교토의 정서와 임업/목재' 에 새로운 정보를 추가하여 전면적으로 다시 쓴 것이 본서이다. 본서의 출판을 쾌히 승낙해주신 오카다 나오지 일간목재신문사 취체역께 감사의 뜻을 표하는 바이다.

또, 공사다망함에도 불구하고 전문가의 입장에서 귀중한 조언을 해주신 임업청 계획과 해외임업 협력실의 나가메 이치로씨, 사토 히데아키씨, 임업청 연구보급과 하라다 다카유키씨, 와타나베 다쓰야씨, 부토 노부유키씨 외 각위에게 감사드린다.

아울러 온난화 문제에 관해 공부할 기회를 주신 환경성 지구 온난화 대책과, 스미토모 입업㈜, (사)일본 입업기술협회, 일본 제지연합회, (사)해외산업 조림센터, ㈜일본환경인증기구의 관계자 여러분께도 사의를 표한다.

본서를 정리하는데 있어 ㈜일본임업조사회 사장님과 반년동안 여러 차례에 걸쳐 상담을 했다. 때로는 심야까지 술잔을 나누며 얘기를 나누었다. 편집에 들인 노력에 대해 다시 한번 감사드리는 바이다.

마지막으로 집에서 집필활동을 도와준 아내 요코에게 감사의 말을 전하고 싶다.

2003년8월

고바야시 노리유키

역자이력

이동근

서울대학교 조경학교 졸업
동경대학교 석사, 박사
일본 국립환경연구소 연구원
한국환경정책 · 평가연구원 책임연구원 · 상명대학교 교수
현) 서울대학교 조경 · 지역시스템공학부 교수

정태용

서울대학교 무역학과 졸업
미국 Rutgers대학 석사, 박사
한국에너지경제연구원 연구위원
일본 IGES(지구환경전략연구기구) Project Leader
현) The World Bank Energy Economist

오영출

서울대학교 조경학과 졸업
현) POSCO 녹화팀/리더

지구 온난화와
삼림 비즈니스

1판 1쇄 인쇄 2006년 4월 1일
1판 1쇄 발행 2006년 4월 5일

지은이 | 小林 紀之
역자 | 이동근 · 정태용 · 오영출
발행인 | 김병계
발행처 | 도서출판 보문당
등록 | 1990년 6월 15일(제1-1066호)
주소 | 서울시 마포구 신수동 448-6 우) 121-110
전화 | 704-7025 / 704-0635
팩스 | 704-2324
홈페이지 | http://www.bomoondang.co.kr
전자우편 | bmdpub@empal.com
표지·본문디자인 | 디자인이유 02.3142.9831

ISBN 89-8413-120-2